做最美的新娘

——时尚婚纱整体造型——

·姜月辉 著

电子工业出版社
Publishing House of Electronics Industry
北京·BEIJING

推荐序

为女性提供美丽与美好生活的化妆行业随着社会需求的不断增加,各路神"化"的化妆造型专业书籍也越来越多,名头也越起越响。对于想提高自身技能的化妆师、造型师来说,面对众多选择,确实不知心归哪家,从何下手?

其实,一本能称得上是好书的专业书籍,必须具备四个条件:一是能与市场所需之吻合(专业市场发展存在);二是能与消费者所需之吻合(消费者长需的专业服务帮助);三是与专业人士所需之吻合(补专业人士之短,易学、易用);四是专业书籍需专业权威人士亲著。

曾有人问过月辉老师:"如果您写书,您会写哪类的书?"答:"术业有专攻,我的优势在化妆造型。"果不其然,三年前,月辉老师处女作《风尚发型》一经问世,便引起业界的强烈反响,被誉为中国造型界的必读圣经。

耗时两年写就的《做最美的新娘》,月辉老师将"术业有专攻"演绎到了极致。作为新娘造型的专业书籍,此书紧跟市场发展潮流,以新娘核心需求为导向,以学习者"学以致用"为目的,分为基础篇、主题篇、实用篇、备忘录篇四大篇章，覆盖"妆面、发型、饰品制作"三大领域，鲜明的新娘主题、清晰的操作步聚、大量的案例分析，运用时尚、实用的手法和技能将最美的新娘呈现在消费者面前。用月辉老师自己的话来概括："能将外表的美艳和内在魅力同时展现，才是最美的新娘"，此书做到了！

——闻春

PART I 基础篇

10 | 了解自己的肌肤、选对合适自己的方案

15 | 洁肤-护肤-卸妆

美妆开始！
Beauty begins！

19 | 底妆
水润立体肤质的打造/
丝绒立体肤质的打造

30 | 眼妆
标准眼线/裸妆眼线/上扬眼线/
无辜眼线/复古眼线/全包眼线

35 | 眉妆
修眉/眉粉画眉/眉笔画眉/
染眉膏的正确涂抹

38 | 唇妆
有型唇/咬唇妆

41 | 腮红
团式腮红/结构式腮红/
桃心式腮红/醉颊式腮红

PART II 主题篇

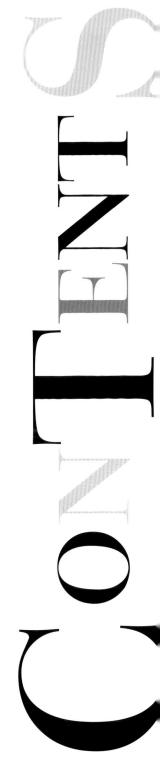

47 | 韩式新娘
新娘妆容/飘逸散发/端庄盘发/
俏皮编发/复古盘发

65 | 欧式新娘
新娘妆容/优雅垂纱/迷人面纱/
时尚纱帽/复古垂纱

83 | 鲜花新娘
新娘妆容/轻盈扎发/田园编发/
端庄盘发/简洁盘发

101 | 童话新娘
新娘妆容/欧式卷发/创意编发/
时尚扎发/优雅编发

119 | 优雅新娘
新娘妆容/动感发饰/迷人扎发/
创意发饰/复古卷发

135 | 复古新娘
新娘妆容/妩媚波浪/
经典波纹/摩登发式

PART Ⅲ 实用篇

153 | **如何做百变新娘？**
妆面：眼形/眉形/唇/腮红
发型：编发/盘发/直发/卷发
发饰：鲜花/饰品/头纱

154 | **案例一**
甜美风格新娘/优雅风格新娘/
高贵风格新娘/古典风格新娘

172 | **案例二**
动感风格新娘/复古风格新娘/
飘逸风格新娘/森女风格新娘

准新娘打造
Beauty begins！

191 | **清新新娘**
妆前沟通→妆面分析→实际操作

201 | **减龄新娘**
妆前沟通→妆面分析→实际操作

211 | 短发新娘
　　　妆前沟通→妆面分析→实际操作

219 | 温婉新娘
　　　妆前沟通→妆面分析→实际操作

229 | 优雅新娘
　　　妆前沟通→妆面分析→实际操作

PART Ⅳ 婚礼备忘录

240 | 婚礼筹备注意事项

244 | 西式婚礼之渊源

PART 1 基础篇

跟着我来寻找那个适合你的他——美丽的新娘要从护肤开始!

想在婚礼当天做个水润新娘?日日勤奋做面膜,却很可能因为自己肌肤敏感而雪上加霜!想在婚礼当天做个白雪公主?心心念的美白工程却不见效。很可能你的基础保湿就没做好,令那些美白成分就像涂在了一块坚硬的石头上!你有没有拿着一堆的"胶原蛋白"突击式抗衰老?这时可能你的肌肤已经因为步入衰老快车道而你还懵懂不知而错过了抗初老的最佳时段……如何找到那个适合你的他?

现在就跟着我测试一下自己的肌肤状态,找对适合自己的护肤品吧!

了解自己的肌肤
选对适合自己的方案

关于完美婚姻有一句至理名言——能牵手走完一生的人,不一定是最好的,却一定是最适合的!这句箴言也同样适用于你的护肤、你的妆容、你的发型、你的婚纱、你的婚礼……你曾为这些问题烦恼过吗?寻找到适合自己的,也就寻找到了美丽、寻找到了幸福!祝愿每一位朋友都能找到那个适合你的他!

晨 MORNING

A 脸上有来自枕巾、睡眠姿势不正确等带来的难以消退的印子？

B 刚从温暖的被窝里爬起来，但脸部肌肤依然是冰凉的，甚至有些麻木？

C 昨天用还没事的护肤品今天用完就过敏了？

D 拍几次护肤水才能让上妆顺滑一些，但一会儿工夫已经出现卡粉或斑驳？

午 MIDDAY

A 粉底黑得厉害？

B 黑眼圈没有改善，反而嘴角等部位也出现了明显的黯沉？

C 去外边吃午餐回来，肌肤就觉得很难受？

D 嘴角、脸颊等处出现明显干纹甚至脱皮？

晚 EVENING

A 一天下来感觉不像以前那样爱出油了？

B 不是很累，但倦容明显？

C 卸妆洁面后，脸上出现很多片状的突起或小颗粒？

D 拍打护肤水时有刺痛感？

A 急需抗老的肌肤

肌肤失去弹性，所以印子很难褪去，也会让一些细纹慢慢变成永久性皱纹，粉底变黑很大程度上是在提醒你面临氧化的压力，而肌肤衰老的一个明显特征就是自身分泌的油脂开始减少。

B 亚健康的晦暗肌肤

肌肤温度低和长时间不褪的黑眼圈很可能与血液循环和代谢的不畅有关，而直接导致的就是肤色黯沉无光和疲惫，单纯的美白成分并不管用。

C 顽皮不安定的肌肤

不是敏感肌却常出现敏感的状况，对温度和一些小刺激都应激过度，这和你的护肤方法与外界环境都有关，要立刻察觉、改正和防护，否则真可能变成病理性的敏感肌。

D 很干燥的缺水肌肤

脱皮、卡粉之类是干燥的表层表现，为肌肤补水的时候都会感觉不适，那说明肌肤真的非常缺水，就像饿了很久，突然吃下一大盘东西，胃会感觉难受一样。

如果你是急需抗老的肌肤

早早使用抗皱产品，有抗老的意识是非常正确的。但妈妈级的去皱产品实在不适合你，它们的重点在于去皱，且因为较严重的衰老型的肌肤自身油脂分泌已经非常少，所以适合的产品所含的油脂成分都很大。而你的油脂分泌虽然也在减少，但还没到那个地步，并且科学研究表明，长期使用含量过高的产品，反而会加速肌肤细胞的老化。

▲合适的方法

垂直洗脸敷面膜

以每天洗两次脸来计算，如果你的手法从上至下，那要做多少次提拉按摩才能补得过来啊？同样，一片面膜的重量至少20g，一定会增加对肌肤的下拉力，你有多忙需要敷着它满屋穿梭？所以请将脸颊尽量和地面平行，采用以手捧水轻轻拍打的方式来洁面，敷面膜时也请安静地躺下来吧！

▲合适的选择

明白抗老的要点

大多数抗老产品不会让你的肌肤状态有一个像美白、保湿产品那样明显的量化提升，但是却会让它保持一个健康状态，延缓真皮层的老化。而这些恰恰是你不容易看到的，一定要先有抗老最高的追求是延缓肌肤变差速度的正确观念，才不会给自己太大的压力，压力也正是衰老的助推器。

夜晚修护白天防护

在我们睡眠的时候，流向脸部肌肤的血液量会增多，肌肤的吸收通道会更好地打开，同时也是精神最放松的时候，最适合使用需要极度深入才有效的抗衰老成分。而这还远远不够，在白天一定要坚持使用抗紫外线、抗氧化的防晒、隔离产品才能保持住前一晚的修复成果。

日常用基础产品配合抗老产品

我们现在的老化症状除了正常的肌龄增长，大多来自于氧化和压力，所以平日只需从这两方面入手，配合基础的保湿和修复就能应对，否则反而会对肌肤造成新的压力。一支能起到修复DNA、补充胶原蛋白作用的抗老精华是入门的选择，之前和之后都可以选择普通的护肤产品配合，白天多加一支抗氧化产品就足以，这样才能让肌肤达到一个正常健康的状态，更能让适合你的抗老产品更好地发挥作用。

将抗老按摩霜加入到周期护理中来

除了面膜，有抗老作用的按摩霜也可以作为周期护理的储备，因为肌肤自身吸收机能的减退，简单地涂涂抹抹有点力不从心，需要借助按摩等一些外力来使抗衰老成分发挥更好的作用，双手的摩掌加温和顺着肌肤纹理的按摩动作让这些成分更好地深入肌肤深处。配合提拉动作也能帮你抵御地心引力，减缓肌肤下垂，更因为丰厚顺滑的质地而减少对肌肤的拉扯。

能减压的气息

很多数据都表明，肌肤衰老有轻龄化的趋势，这和我们现在所处在较大压力的生活环境中有关，所以含有能起到情绪疗愈作用的香氛产品也能让你的抗衰老更全面、更有效。

把抗氧化成分吃下肚

抗老很大程度上就是抗氧化，而除了使用含有抗氧化成分的护肤品，其实我们日常的饮食中就含有很多优秀的抗氧化剂，比如被称为三大抗氧化物质的维生素E、维生素C和β-胡萝卜素。若你能保持每日饮食平衡，根本不成问题，但因为我们的生活状态常常不规律和不平衡，所以有时我们需要补充一些口服抗氧化成分，比如最常见的绿茶与复合维生素、葡萄籽、银杏提取物等制成的片剂粉末来帮助我们。

如果你是亚健康的晦暗肌肤

嗜好高浓度美白成分

美白是女性的终身追求，尤其对即将迎来婚礼的准新娘更是戒不掉的瘾，但说实话在肌肤承受能力和代谢力都较差的时候，高强度的美白绝对不是好方法。而且美白成分的低稳定性和高致敏性很可能会刺激肌肤，让它产生看不到的创伤，反而会造成肌肤晦暗。

▲合适的方法

为美丽贪凉

亚洲女性本来末梢机能就不够好，易犯手脚冰凉的毛病，这些都会阻碍代谢循环，让面色无光彩。所以穿得过少、吃得生冷都是大忌，如果实在戒不掉贪凉的毛病，至少要保证足部和肩部的温度，一双舒适的高靴和羊毛披肩既漂亮又能让你脸色好起来。

吃这些食物会让脸色变暗

过度的肉、酒等强酸性食物会让你的体质也变成酸性，损害健康的同时最直接的表现就是黯沉无光的酸性肤质。如果经常外食，那么其中的食物添加剂也会加重内脏的负担而不利于排出黑色素，而海鲜中易含有锌、铜等元素遇上代谢不畅的季节就更是会存留体内造成身体和肌肤双重伤害。

▲合适的选择

卸妆洁面是最省时的按摩大法

卸妆洁面不容松懈。先不说让肌肤不能彻底告别彩妆、粉尘和一些看不到的污染物，它怎么会白亮起来？并不是每个准新娘都像护肤达人那样懂得按摩和用按摩霜的习惯，所以卸妆、洁面这个必须"动"起来的护肤步骤可能是你按摩的唯一良机。

·对于卸妆油
以天然油脂为基底的卸妆油是必须的，矿物油不仅油腻反而会堵塞毛孔造成肌肤缺氧黯沉，若是橄榄油、玉米胚芽油、玫瑰油之类高附加值的天然油脂更适合于卸妆时的按摩。

·选用泡沫洁面品
泡泡里含有氧，在破裂时还会对肌肤产生刺激、加速代谢循环，所以如果你不是敏感肌，就不必担心泡沫带来的伤害。当然最好选择氨基酸起泡剂之类相对安全的起泡剂为成分的泡沫型洁面品，配合打泡网让泡沫真正有价值。

·洁面前按按耳后+螺旋打圈洁面法
耳后有淋巴结，即便你不会淋巴按摩，按按这里也会管点用。之后用打圈法洁面既深入清洁，又不会拉扯肌肤，而且打圈的手法最适合提升代谢力、排除毒素。

不是只有美白成分才针对晦暗肌肤

很多数据都表明，肌肤衰老有轻龄化的趋势，这和我们现在所处在较大压力的生活环境中有关，所以含有能起到情绪疗愈作用香氛的产品也能让你的抗衰老更全面、更有效。

完美利用自己的手

手的天然柔软度和温和度绝对媲美价格昂贵的导入仪和按摩仪，建议在涂抹护肤品之用后用稍高温度的水浸泡双手，然后用它包裹住脸颊，用手代替棉片拍化妆水吧！

别让局部黯沉

像额头、眼周、嘴角、下颌等地方的黯沉除了影响整个脸部肌肤的观感，更重要的是它们还说明你脸部微循环存在严重不畅。试着用泥质面膜加敷这些部位，不仅能祛除表面堆积过厚的角质层，这些天然泥土含有丰富矿物质和能量，还能帮助打通这些部位的循环盲点，让整脸的代谢更无阻。

温暖得更根本

坚持吃热饭菜的习惯，尤其是热早餐，在清晨这个心肺机能都需要复苏的时刻，十分有利于气血的流通和代谢，让面色晦暗改善得更彻底。

如果你是顽皮的不安定肌肤

忌过度清洁。不安定的肌肤当然会出现很多状况，比如会有一些小疙瘩组成起伏不平的表面，这会让脸部感觉很不舒服，这也是为什么有敏感症状的肌肤经常会遭遇过度清洁的怪圈的原因，因为我们不洗更不舒服，其实这只会让情况更糟。正确的方法是避免彩妆或选择相对低压力好清洁的矿物质彩妆，清洁时选择低泡或无泡型的洁面产品或卸妆洁面二合一的产品，总之要让整个清洁过程越短越好。

▲合适的方法

安全逃避祛角质

角质对于有敏感症状的肌肤真是绕不过去的一道坎。但是最新的研究表明，角质的过度堆积同样会造成敏感，所以最好的办法是选择不含颗粒凝露状的去角质产品。普通肌肤一周一次，不安定肌肤可以两周一次，而添加了酵素类的去角质产品也是不安定肤质的救星，因为它们会先对角质层进行软化再温柔祛除，受到伤害的概率就小得多。

其实祛角质并没那么可怕，但为什么很多肌肤在祛角质后会带来灾难呢？原来是在祛角质后使用了高机能的产品，不只是美白类，甚至补水类都不适合在祛角质之后使用，因为在角质层刚经受过处理之后，高强度的补水会增加细胞之间的摩擦，让肌肤泛红。

忽视易敏感成分

如果你的肌肤处在不安定的动荡期，再使用含防腐剂、香精、酒精等成分的护肤品就等于迎头撞上。尤其香精，是我们最容易忽视的，但它其中的致敏源常常高达几十种。彩妆中的色素也很容易让皮肤过敏。

▲合适的选择

简化步骤、增加用量

在肌肤调皮捣蛋的时刻，我们最需要做的就是以静制动，所以尝试用清洁、保湿水、保湿乳，步骤最简单、成分也最简单的三部曲来应对特殊时刻。并且用量一定不要吝啬，因为过度摩擦也会增加过敏几率。

成分少比天然更重要

一些植物虽然是天然的，但是偏偏某些人就是对它过敏，所以天然甚至有机成分也不是100%无害的成分。而对于不安定肌肤比较安全的选择是产品成分尽量少，如果成分表里只有五六种成分，即便过敏也能快速找到致敏成分而进行规避。

适时补充修护成分

避免易致敏的成分和护肤方法是第一位的，但我们总不能逃避，尤其当肌肤已经受损到一定程度，无法自己快速复原的时候，那么尝试含有神经酰胺、氨基酸等能重建角质层和皮脂膜的成分非常必要。

给肌肤一个恒温环境

将室内空调的热风温度调低，出门的时候用围巾为面部保暖，这样会减少室内外温差变化对肌肤的冷热刺激，避免泛红敏感状况。

了解了自己的肌肤，也找到了适合自己的解决方案。只要你好好地爱护它，它一定不会在婚礼那天给你出难题的！还有最最重要的一点，每天都要露出你的笑容，心情愉悦！你是世界上最幸福的人！

TIPS

TIPS

▲洁肤

- 用温水，最好是流动的温水。

- 洗脸前一定要先洗手，用洗手液或香皂。为什么不用肥皂呢？肥皂是碱性的，娇嫩的手部皮肤没有油分，这样洗手容易使手部皮肤变粗糙。

- 洗面奶要充分起沫，揉出泡沫后，先从额头开始，从上到下划圈，不要用力过大。额头处双手分别向外划圈，脸颊也划圈；鼻翼两侧，从鼻翼到鼻尖划圈；鼻根处至双眉间，将嘴抿起划圈。T形区容易长痘痘，但是不能因为容易长痘痘而用力揉搓。要记住，脸部不是衣服，不是越用力越干净。

- 用清水冲洗后，再用冷水收敛毛孔。最后一遍一定用冷水。冷水的目的一是收敛毛孔，锻炼毛孔的收缩性，二是令皮肤保持良好的弹性。

- 最后用干净的毛巾搌干脸上的水，不要用力擦皮肤。

▲护肤

日间保养步骤

洁肤→化妆水→精华液→乳液（面霜）→隔离霜

夜间保养步骤

卸妆（清洁霜、清洁油、清洁水）→洁肤→化妆水→眼霜→精华液→夜用乳液（面霜）

周期保养

每周根据自身情况做1~2次皮肤保养。有空闲的时间就要敷面膜。选择适合你肤质的面膜，每天都可以使用。

▲卸妆

眼部卸妆

准备棉花棒及化妆棉，将卸妆产品倒在化妆棉上。取一张对折放在下眼睑，闭上眼将另一张化妆棉覆盖在眼睛上停留5~8秒，让它有充分的时间溶解睫毛、眼线上的防水成分。由内眼角向外眼角抹掉眼影，再用蘸了卸妆产品的棉花棒，由睫毛根部向下抹去。然后张开眼睛，将化妆棉放在下眼睫毛底部，然后用棉花棒由睫毛根部向下抹。

眉部卸妆

用蘸满卸妆产品的化妆棉覆盖在眉毛上5秒钟左右。清洁眉毛时顺着眉毛的生长方向轻擦后，再用化妆棉逆着眉毛的生长方向再擦一遍。眉毛根部可以用棉花棒清洁。

唇部卸妆

用蘸满卸妆产品的化妆棉覆盖在嘴唇上，轻轻按压几秒钟再擦拭。
局部卸妆后，最后进行全面的皮肤清洁就可以了！

BEAUTY BEGINS

美妆开始

小的时候听爸爸给我讲《白雪公主》、《灰姑娘》的故事时,我就幻想穿上美丽的蓬蓬裙、戴上花环、披上头纱,那该有多美呀!长大后,看到有举办婚礼的场合一定要挤上前去看看新娘子漂不漂亮!现在,我作为一名专业的化妆造型师,最想做的就是把每一个女孩子都打造得美美的!尤其是婚礼那天,为每一个女孩子圆一个美丽的梦!

婚期临近,我要打扮成什么样子出现在婚礼上呢?上网搜、杂志上找,是韩式的新娘妆适合我呢?还是欧美的新娘妆适合我呢?是皇室贵族女皇范儿好呢?还是田园乡村森女范儿好呢?别苦恼了!跟着我找到适合你的"他"吧!

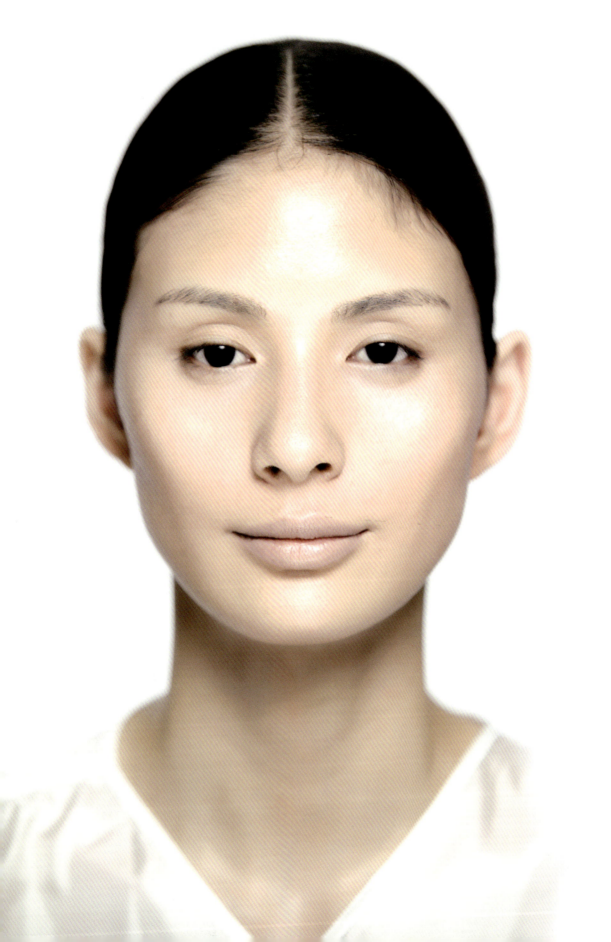

FOUNDATION 底妆
MAKEUP

水润立体肤质的打造

"万丈高楼平地而起",地基尤为关键,粉底在化妆中犹如地基一般不可小觑。它可以改善肤质,修饰脸色,遮盖皮肤瑕疵,打造出健康的皮肤质感,还有助于其他彩妆的描画,让整体妆色更加亮丽、服帖,让面部更加精致。此外,不同质地、不同颜色的粉底还可以塑造出不同风格的妆效。

1 将化妆水滴在化妆棉上。

2 由额头向下涂抹。

3 再由脸部内轮廓鼻翼开始向外涂抹。

> 不要用力拉扯皮肤,一定要轻轻涂抹,也可采取垂直皮肤的方向轻轻拍打。
> **TIPS**

4 将润肤乳均匀涂抹在皮肤上,由内向外打圈式涂抹。

5 最后也是最关键步骤!用手掌按压面部,这样可以用掌心的热度加速皮肤对润肤乳的吸收!

6 能使皮肤水润的关键在这里:一定要使用修正肤色润亮液。少量地涂抹在下眼睑、T区、下巴。

7 用手指轻轻拍打将润亮液涂抹均匀。

8 涂抹后皮肤会呈现自然水润质感!

9 挑选同两腮皮肤颜色相近的粉底色。

10 涂抹在面部的外轮廓。

11 再挑选比自己肤色浅的粉底。

12 将浅色粉底涂抹在面部的内轮廓，这样做可以使面部更有立体感，也可以满足很多女孩希望自己变白的愿望。这样打粉底会白得很自然！脸型也会更完美！

13/14 为了使粉底更加服帖、持久、均匀。用海绵由上至下、由内向外，垂直拍打。

可以将海绵浸湿后捏干使用，这样更利于粉底的服帖。

TIPS

最后将珠光提亮液涂抹在下眼睑、鼻梁中段、下巴，用手指轻轻拍打均匀即可。

定妆粉只用在上眼睑、下眼睑、颧骨、鼻翼两侧定妆，这样可以保持皮肤的水润感。

BEFORE & FINISHED

[底妆

FOUNDATION MAKEUP

丝绒立体肤质的打造

1 拍打化妆水。

2 打圈式涂抹润肤乳。

3 用手按压帮助产品吸收。

> 做好润肤的功课才有利于粉底的涂抹和服帖。
> **TIPS**

4 挑选深浅两个颜色的粉底。深色涂抹在外轮廓和颧弓下线处。

5 浅色涂抹在T区、下眼睑、鼻翼两侧、下巴。

6/7/8

用粉底刷把粉底涂抹均匀。

9 / 10 / 11

用海绵粉扑由上至下、由内向外垂直拍打面部,使粉底的明暗分界线衔接得自然服帖。

12 / 13 / 14

用大粉扫均匀蘸上散粉由上至下、由内向外拍打,最后由上至下扫掉余粉。

  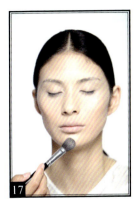

15 / 16 / 17

最后一步用小粉刷蘸上光泽亮粉,涂抹在T区、下眼睑、下巴,打造丝绒质感。

> 可以将海绵浸湿后捏干使用,这样更利于粉底的服帖。
> **TIPS**

底妆

Before
&
Finished

EYES 眼妆

　　彩妆的魔法就在于化腐朽为神奇！眼妆就是最能展现魔法的部分。想要拥有迷人明亮的大眼睛，首先要学会调整眼形，也就是画眼线！

　　在这一章节里先教大家怎样调整、描画各种不同的眼形。眼影、睫毛等画法在下一章节中慢慢讲！

★ 标准眼线

教大家一种最简单、最实用、最易操做的眼线画法——"定点式"眼线画法。

1 目视正前方,在外眼角先定点。点的高低根据想要的眼形确定。例如:想画平行四边形标准眼形,外眼角定点时要略高于内眼角。

2 闭上眼睛,由定好的点向前呈Z字形描画。在描画时,可以用另一只手轻轻将上眼皮向上提拉,让睫毛根外露。这样有利于将眼线描画在睫毛根部,可使眼睛更加明亮。

3 外眼角略粗、颜色略浓。慢慢过渡到内眼角。内眼角略细、颜色略淡。

4 最后由内眼角向外眼角描画,贴近眼线上边沿平直向外拉出眼尾。

> 画眼线时,重拿笔轻下笔,笔道拉长描画。用小拇指做支撑,描画时屏住呼吸,这样可使眼线边缘描画得平直。
> **TIPS**

★ 裸妆眼线

1 上眼线选用扁平小号眼影刷,蘸深棕色或黑色眼影粉,贴近睫毛根描画眼线。再选用圆头小号眼影刷,贴近睫毛根把刚刚画的眼线晕开。这样会使画了眼线的眼睛好像什么都没画过,可是眼睛却变得明亮有神!上眼线颜色比下眼线颜色要深。眼睛后1/3处眼线颜色加深,略微向外拉长。

2 下眼线可以直接先用圆头小号眼影刷由后眼尾向内眼角涂抹,只在后眼尾的2/3处涂抹即可。

★ 上扬眼线

1 目视正前方，在外眼角处先定点。因为想要画上扬的眼形，所以定点略高于内眼角。

2 闭上眼睛，由定好的点向前呈Z字形描画。

3 在描画时，可以用另一只手轻轻将上眼皮向上提拉，让睫毛根外露。这样有利于将眼线描画在睫毛根部，可使眼睛更加明亮。

4 外眼角略粗、颜色略浓。慢慢过渡到内眼角。内眼角略细、颜色略淡。

5 后由内眼角向外眼角描画，贴近眼线上边沿平直向外拉出眼尾。

6 下眼线只描画眼睛的后1/3，由外眼角向内眼角描画，颜色由深至浅，线条由粗变细。

★ 无辜眼线

1 "无辜眼妆""泰迪眼妆""狗狗眼妆"其实都属于下垂眼妆。当目视正前方时，在外眼角略低于内眼角处先定点。

2 闭上眼睛，由定好的点向前呈Z字形描画。

3 在描画时，可以用另一只手轻轻将上眼皮向上提拉，让睫毛根外露。这样有利于将眼线描画在睫毛根部，可使眼睛更加明亮。

4 外眼角略粗、颜色略浓。慢慢过渡到内眼角。内眼角略细、颜色略淡。

5 由内眼角向外眼角描画，贴近眼线上边沿平直向外、向下描画眼尾。

6 下眼线只描画眼睛的后1/3，由外眼角向内眼角描画，颜色由深至浅，线条由粗变细。

7 最后一步，用一只小圆头刷将眼线边缘晕开，这样可使眼神更加迷离、无辜，让人心生怜爱！

★ 复古眼线

1. 复古眼妆的特点就是眼线平而长。当目视正前方时，在外眼角与内眼角于一条平行线上时定点。

2. 闭上眼睛，由定好的点向前呈Z字形描画。

3. 在描画时，可以用另一只手轻轻将上眼皮向上提拉，让睫毛根外露。这样有利于将眼线描画在睫毛根部，可使眼睛更加明亮。

4. 最后由内眼角向外眼角描画，贴近眼线上边沿平直向外拉出眼尾。再把上边缘线下边与睫毛根部填实。

5. 外眼角略粗、颜色略浓。慢慢过渡到内眼角。内眼角略细、颜色略淡。

★ 全包眼线

1. 全包眼线适合烟熏眼妆，黑眼球部位要小心描画。

2. 在描画时，用一只手轻轻将上眼皮向上提拉，让睫毛根外露。另一只手拿眼线笔呈Z字形描画。

3. 贴近睫毛根画一圈。这时不要忽略眼形的调整！可上扬、可下垂、可平直。

EYEBROW
眉妆

　　画眉毛是很多人犯愁的事,看似简单的两根眉毛想要画得自然对称好难呀!而眉毛又是妆容中最重要的部分。眉毛可以帮助我们调整脸型,可以塑造性格特征,甚至可以帮助我们开运!眉毛真是太神奇了!

　　别犯愁了!跟着我找到适合你的眉形,学会简单实用的画眉方法吧!

★ 修眉

先不考虑脸型、先不考虑眉形，先看原有的眉毛。"上帝赐给的就是最美的！"一定要在原有的眉毛上调整。千万不要一刀切，把眉毛全部修掉！

1. 先用眉梳将眉毛梳顺。

2. 确定好眉形。

3. 将多余的眉毛去掉。可以选用眉钳拔掉也可以选用刀片刮掉。

> 在确定眉形时，可以先用笔画出自己想要的眉形，再将多余的眉毛去掉。
> TIPS

★ 眉粉画眉

> 此方法适合老人、儿童、眉毛生长比较完美的人使用。也适合在画眉前确定眉形使用。
> TIPS

1. 用适合妆容的眉粉色，选用一把扁头眉刷。

2. 用眉刷蘸少量眉粉，由眉毛的2/3处落刷。向后刷眉峰和眉尾。

3. 用眉刷蘸上剩余的眉粉，由眉毛的2/3处向眉头方向刷。

4. 用此方法，多次反复涂刷，当颜色、形状完美时停止。

5. 因为每次落笔都是在眉毛的2/3处，而且由2/3处向两边描画，这样就会形成眉峰颜色深，眉头、眉尾颜色浅。自然真实的眉毛就这样被轻松地打造出来了。

★眉笔画眉

1. 选颜色与眉毛颜色相近的眉笔。眉笔笔尖可削成鸭嘴形或细尖形备用。
2. 确定好眉型后,在缺少眉毛的地方一根一根地画出。描画的方向参考旁边眉毛的生长方向描画。
3. 切记要一根根地画出来,落笔重、抬笔轻——就像生长的眉毛一样,眉毛根粗、眉毛梢细。
4. 这种画法可以以假乱真,非常真实!

★染眉膏的正确涂抹

1. 选想要的染眉膏颜色。
2. 先逆着眉毛的生长方向涂抹染眉膏,这样可以使眉毛的背面和根部都能染到颜色。
3. 由眉头向斜上方涂抹,涂抹至眉峰处时再平直向后涂抹。

LIPS 唇妆

嘴唇在化妆中是最容易通过描画来改变的部位。每一位女性都希望拥有一张迷人的双唇吧？跟着我认真学，你一定会掌握其中的秘诀！

★ 有型唇

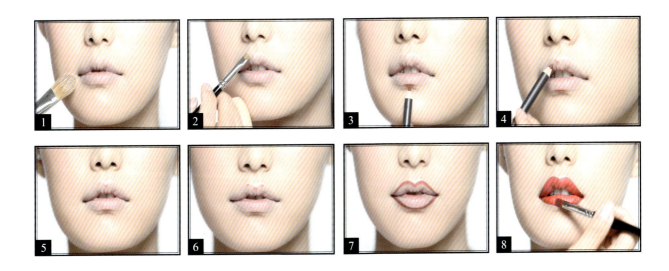

1 用粉底将唇色覆盖。

2 用小刷子蘸取贝壳色,抹在唇峰处,可使嘴唇显得更加立体。

3 在鼻底线到下巴底线的二分之一处确定下唇底线。

4 上唇与下唇的比例为1:1或1:1.5,所以唇底部可以定得略低一些。

5 在鼻孔垂直正下方的两点,定唇峰。

6 由唇谷向唇峰连线画出V字形。

7 再由两个嘴角向唇峰连线画出完美唇形。

8 用唇刷蘸满口红后涂满嘴唇内侧,涂抹口红时,唇刷边缘压在唇线边缘,使唇线与唇膏紧密融合在一起。

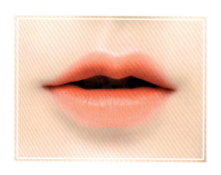

★咬唇妆

1. 先用粉底将唇轮廓周边掩盖，去掉唇色。

2. 在唇轮廓里面涂抹液体口红，然后上下嘴唇抿一抿，这样做可以使嘴唇的颜色自然向外晕。此步骤可以反复使用2~3次，使颜色更有层次感。

3. 最后用干净的唇刷由内向外轻扫来调整形状，使晕染感增加。

不要出现明显的唇轮廓。

TIPS

BLUSHER 腮红

"面若桃花,明艳照人!"多形容女性白里透红、光滑娇嫩的脸庞。涂抹腮红可以为你的气色添彩、为你的脸型加分!

★团式腮红

1. 微笑，使苹果肌高高凸起，便于找出刷腮红的位置。

2. 将腮红刷放在苹果肌高高凸起的地方，将重色放在这里，打圈慢慢向周边扩散。

3. 用散头刷在中间部分迅速向外打圈扩散，可以使刚刚涂抹的腮红均匀晕开，与肌肤融合，呈现自然感。

> 若腮红涂抹过重，也可以用散状圆头刷在腮红上打圈旋转，可以让过重的颜色减弱，更加自然。
>
> **TIPS**

★结构式腮红

1. 将嘴向前撅起，可明显显示出颧骨下陷处，将刷子放在颧骨下陷上方比较突出的位置上，由脸的侧面中心点开始涂抹，从上向下呈斜线涂抹。

2. 用小刷子蘸取亮色散粉，在下眼睑处涂抹，这样可以使结构式腮红靠近眼睛部分更加柔和自然。

3. 用稍大一些的刷子，蘸取浅色双修粉，在鼻底线向耳根方向涂抹，使结构式腮红更加明显，增强脸部立体感。

★桃心式腮红

1. 采用腮红膏进行涂抹，先定点，在面部正前方定点，作为腮红的起始点，也是腮红最重的地方。

2. 由原点出发向鼻翼和发际线两边涂抹成V字形。

3. 用手由面部中央向周边轻轻拍打，让腮红边缘慢慢减弱融入到皮肤中，呈现出自然的红润感。

★醉颊式腮红

1. 用刷子由后眼尾处落刷，这里是腮红颜色最重的地方。

2. 醉颊式腮红在上眼睑到下眼睑，围绕眼睛后1/2处向太阳穴方向扩散晕染。

3. 侧面由眼睛向发际线方向晕染扩散，渐渐淡化，越靠近眼睛颜色越重。

4. 切记不要将醉颊式腮红超过眼球的1/2处，如果向内眼角处涂抹过多、面积过大，会有京剧脸谱的感觉。

THEME 2 PART

主题篇

进入主题篇更多的妆容、造型、发饰都一一为你展现出来。无论你的婚礼是室内还是室外，无论是贵族式高雅婚礼还是田园式浪漫婚礼。你一定会找到一款适合你的妆容、造型，带着你对未来生活的向往踏上红地毯！

Korean Brides

模特：李舒雯

韩式新娘

/新娘妆容
/飘逸散发
/端庄盘发
/俏皮编发
/复古盘发

1. 打底方法参见〈基础篇〉水润打底法。眼妆参见〈基础篇〉无辜眼妆。画眼线选用眼线胶笔，笔触流畅，几秒钟就可以干燥，妆效更加持久。

2. 选用小号眼影刷蘸取棕色眼影粉，在眼尾后1/3处画出下眼线，粉状材质可以吸收油脂，有效避免晕妆尴尬。无辜眼妆的眼形描画重点是眼角略下垂，所以后眼角定点略降低，才能呈现眼神的无辜感。

3. 选用扁平眼影刷，蘸取棕色眼影粉，沿上眼线轻轻晕开，让眼线与眼影紧密结合，眼线中有眼影，眼影中有眼线，打造雾蒙蒙的迷离眼神。

4. 选用中号圆头眼影刷，蘸取浅珠光粉色眼影粉，在上眼睑处以眼球为中心，在眼窝内部滚动式涂抹。这种以浅色压深色的眼影画法，会使色彩过渡更加自然，两个色彩融合更加紧密。

5. 选用扁头眼影刷，蘸取浅棕色眼影粉，在刚画好的下眼线上轻轻涂抹，晕染自然。

6. 在涂抹眼影后粘贴自然假睫毛。

7 使用卧蚕笔在内眼角处涂抹珠光亮色,可以打造出楚楚动人的明眸。

8 选用棕色眉笔画出平直粗眉,这也是韩式妆容的重要特点,下眉底线要平直。

9 选择小号扁平眉刷,用眉刷轻刷刚刚画的眉毛,刷眉毛时要保持眉底线的笔触,眉头和眉毛上方要刷虚,保留眉毛的自然纹理。

10 选用液体状眉笔,在原有的眉型内,一根根画出眉毛,这样虚实结合的画法可以打造出以假乱真的自然眉型。

11 选用浅金色染眉膏,从眉尾到眉头涂抹眉毛,再从眉头到眉尾梳理通顺,这样可以有效淡化眉色,突出眼部妆效。

12 用海绵蘸取粉底液,轻轻按压嘴唇,覆盖唇部轮廓线。

13 将液体口红涂抹在嘴唇的内轮廓。

14 用唇刷由内向外晕染式涂抹。

15 用纸巾轻轻按压，吸掉口红多余油脂。多次重复这两个步骤，最终达到唇内部颜色深，唇外部颜色渐渐减淡的妆效。

16 选用伞状圆头刷涂抹腮红，腮红画法参见<基础篇>团式腮红。

FINISHED

Loose Hair
飘逸散发

1. 将头发三七分，将发印分成弧形。

2. 用中号卷棒，由前向后做竖卷。

3. 以脑后区中轴线为准，前发区的头发向后卷，依次竖直分发区做竖卷。

4. 沿发迹线纵向取出发缕，由上向下平均分成三等份。

5. 将分出的侧发区编成三股辫，由上至下分为1.2.3——1压2，3压1。编好后将1留在发辫下方。

6. 在发缕1留下的地方挑起一缕同等发量的头发代替发缕1，继续编发。

7. 按照这个方法继续编发，整体的辫子可以是直线也可以是弧线。形状由提拉发辫的手控制。

8. 将发辫编至耳后，用皮筋扎起发尾。

9 将发尾藏于头发底部，以发卡固定。

10 深色发色在编结后缺乏层次感，可使用染发粉增加头缕的层次感。

11 可在涂抹前后都在发缕上喷发胶，这样可以增加染发粉的着色持久。

12 用手轻轻提拉刘海区头发，同时用发胶固定造型。

13 选用与婚纱风格一致的蕾丝发带作为头饰，配搭整体造型。

13 / 14 / 15 / 16

正面完成效果图/背面完成效果图/右侧完成效果图/左侧完成效果图。

Elegant Updo
端庄盘发

1 刘海区中分。

2 将刘海区头发由前向后电烫发卷。

3 在烫卷后把头发由前向后梳理成弧形。表面发丝要自然有空气感。

4 在顶区倒梳发片，使发根蓬松。

5 将倒梳好的头发表面梳光，使脑后区饱满。

6 先将饰品佩戴在合适的地方，再将发带系在脑后，用发带固定出稍后盘发的区域。

7 从耳侧发迹线取一缕头发，向上翻转缠绕在发带上，下夹固定造型。

8 翻转发片所形成的弧度，要结合模特自身的脸形，在盘发时要从正面确定合适的发卷大小和位置。

9 下面的头发依次分片,同样方式翻转缠绕在发带上,另一侧用同样的方法固定发片。

10 / 11 / 12 / 13

正面完成效果图/背面完成效果图
/右侧完成效果图/左侧完成效果图。

1. 可以先将头发烫卷，这样造型效果更飘逸。以两侧耳根上方为界，分出前后两个发区。

2. 从前发区底部开始，取一发片平分两缕，以打结手法编织。

3. 以这种打结的手法，自下而上打出三个发结。

4. 挑出第四个发片，平分成两缕头发。

5. 将底部第一个发结的发缕从第二、第三发结发缕的下方向上提拉，和同侧的第四个发片的发缕合并。

6. 另一侧头发以同样方法1和4合并后，将合并好的发缕继续打绳结。

7. 剩下的头发用同样的方式，以间隔两个发结的距离，合并发缕打结的方式继续编发。

8. 同样的方法编完前发区，发尾的头发继续用打绳结的方法编发辫。

9 将打结的发缕拉松，根据模特的脸型决定拉松的弧度大小。

10 将发尾的头发翻卷盘成花状，用发卡固定造型。

11 选用小巧轻盈的发饰，如颗粒状的碎珍珠发饰，佩戴在发辫上。

12 / 13 / 14 / 15

正面完成效果图/背面完成效果图/右侧完成效果图/左侧完成效果图。

Retro Updo

复古盘发

1 将头发三七分区，发印成弧形。

2 选用小号卷发棒，由前向后翻转式烫发。

3 将所有头发由前至后，平均分成五等份。

4 选用蕾丝纱帽戴在头顶区。

5 从五等分发片中拿出一片，平均分成两缕。

6 将发缕编成两股辫。

7 轻拉发辫发丝，要四个方向都进行撕拉，让手撕发辫更加立体。

8 将手撕发辫向上盘卷成花朵状，用发卡固定发髻。将五份头发用同样的手法固定，让盘发贴近发迹线边缘，在发饰下方形成一个弧形。

9 用尖尾梳挑起发丝进行调整,视觉上形成发丝飘动的感觉。

10 / 11 / 12 / 13

正面完成效果图/背面完成效果图
/右侧完成效果图/左侧完成效果图。

European Brides

模特：莉娅

欧式新娘

/新娘妆容
/优雅垂纱
/迷人面纱
/时尚纱帽
/复古垂纱

BRIDE'S MAKE UP
新娘妆容

底妆：使用丝绒立体式打底，具体操作方法请参见〈基础篇〉丝绒立体粉底。

1. 选用中号圆头眼影刷，蘸取浅棕色眼影粉，在上眼睑采用平涂法打造出立体效果。

2. 选用小号圆头眼影刷，在下眼睑部位由眼尾向眼角延伸涂抹，形成由深至浅的自然过渡效果。

3. 选用小号眼影刷，在上眼睑后1/3处贴近睫毛根部，用深棕色眼影粉再次涂抹，着重强调双眼皮褶皱上方是颜色最深的区域。用浅色眼影填充双眼皮褶皱内部，这种明暗对比可以营造出更加明亮的眼神。

4. 选用小号圆头眼影刷涂抹在内眼角处，勾勒出清晰的内眼窝，打造出完美的眼形。具有珠光、荧光、金属光泽的浅色眼影都是不错的选择，着重推荐象牙白色。

5. 选用海胆头睫毛刷，打造出根根分明的自然睫毛。海胆刷头蘸取睫毛膏量少，刷头操控性强，可以照顾到从睫毛根部到梢部的所有细节。

6. 选用眉刷蘸取浅棕色眉粉，以原有眉形为基础，调整出平直眉，这样可以中和模特立体的面庞，营造出柔美的妆效。

7. 用眉粉确定好基本眉形后，再使用眉笔填满眉梢部，划出眉尾。

8. 选用粉底刷蘸取粉底，将唇底色覆盖，为裸感唇妆打底。

9. 选用肤色滋润型唇膏，用唇刷涂抹嘴唇。欧式典雅妆容的唇妆重点是营造自然的润泽感，所以过于闪亮的唇釉、唇蜜是大忌。

10. 选取小刷子蘸取亮色散粉，轻扫在T区和下巴，增加面庞的立体感。

FINISHED

1. 用吹风机将头发根部吹蓬，增加发量感和自然度，让模特自身的卷发显得更加蓬松。如果是直发，可以预先将头发用电卷棒给头发做卷。

2. 整个头顶区域，用手指从发根部抓起头发，做出蓬松感，再用发胶固定，以增加整个头顶区的发量和蓬松度。

3. 先在头顶区的位置固定住发饰，最高点在耳前延长线上，再绕到脑后固定，预先要考虑稍后盘发的位置可以盖住发饰。

4. 将耳旁两侧头发向后拉起，向上翻转一周后将两束发缕合并，用发夹固定，注意要遮盖住发饰接头位置。

5. 右侧头发分成等量发片，每束发片都向上翻转一周后沿着发饰走向遮盖住发饰，注意在固定的时候保留出发缕的间隔感。

6. 左侧头发和右侧头发同样方法操作，注意和右侧发缕连接处呈"人"字形错落相接，增加灵动感。

7/8/9/10 正面效果图/背面效果图/右侧效果图/左侧效果图。

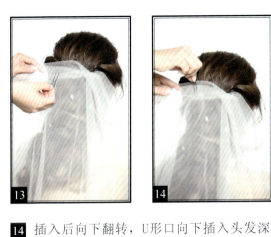

11/12 找到头纱中点，在脑后中央沿着纱边固定住。再向两侧扩散固定头纱，在耳后可以看到垂下头纱的褶皱。

13 将表面的一层头纱向上拉起，掐出褶皱，再用U形夹固定住褶皱。注意插入头发时U形口向上。

14 插入后向下翻转，U形口向下插入头发深处，这样固定更加稳定牢固。

15/16/17/18

正面完成效果图/背面完成效果图/右侧完成效果图/左侧完成效果图。

1 划分出U字形刘海区，宽度是两个眉峰的距离。

2 花朵向下，以花茎为轴，将刘海区发片从发缕中段开始沿花茎先绕紧，再继续向下卷至发根处，最后用发夹固定住卷好的刘海。

3 以U形刘海区作为中心，两侧头发扩散分层分出发缕，以同样方式缠绕在花茎上。

4 卷紧发梢后，向下卷动至发根，最后固定位置。所有发缕都是同样手法操作。

5 花头都是向外放在两侧可以看到的位置，用U形夹加固较大的发卷和花梗。

6/7/8/9

正面完成效果图/背面完成效果图/右侧完成效果图/左侧完成效果图。

欧式新娘

10 选用蜡质感强的眼线笔画出下眼线，蜡质感强的笔头延展性高，易着色，不会导致眼周不适。

11 参见〈基础篇〉咬唇妆画法。

12 加重眼线、腮红、口红的妆容，让透过纱网的妆效依然立体迷人。

13 固定外部网纱，营造浪漫、梦幻的欧式新娘妆效。

1 以缠绕皮筋的方式扎出一个低马尾辫。

2 从马尾边缘分出一缕发丝缠绕在马尾根部，遮住皮筋并用发夹固定住发梢。

3 用扁梳由下向上沿马尾倒梳，打毛马尾，增加表面凌乱蓬松感。

4 将发梢轻轻插绕在手指上，做出空心卷，轻轻向内卷至马尾根部。

5 两侧各使用一个U形夹，U口相对，固定住空心发卷。

6 轻轻向上拉起空心卷的两侧，成半圆形造型。

7 沿拉起的发卷两侧用发夹固定半圆形造型。

8 微调发髻位置，在半侧面可以看到弧形发髻边缘。

9/10 背面完成效果图/正面完成效果图。

11 将头纱边缘对折找到中点，固定在前发际线中部，均匀捏出自然的褶皱，用发夹固定住头纱。

12 沿着发髻线边缘，捏出均匀、自然的褶皱，逐一递进用发夹固定住头纱，让发夹首尾相连。

13 将脑后区的头纱自然向上抓起做出褶皱造型后，用别针别在头纱上固定住头纱形态。再将造型好的头纱用夹子固定在头发上。

14 脑后的长头纱也用同样方式，先向上抓起褶皱做出头纱造型，再以发卡固定在头顶。头纱的整体形态以头部为主呈现圆形或椭圆形。

15 变妆画出复古式眼线，参见<基础篇>复古式眼线画法。

16 变妆唇妆，选用饱和度高的红色唇膏。腮红变妆，选用与唇色同色系的腮红颜色，做结构式腮红（参见<基础篇>结构式腮红），增加整个妆容的妩媚感。

17 / 18 / 19

/右侧完成效果图
/左侧完成效果图
/背面完成效果图。

FINISHED

Retro
Veil 复古垂纱

1. 以耳朵为界分出前后发区。

2. 将前发区头发分别从两侧向后提拉至脑后。

3. 用皮筋将头发束起，固定在脑后中轴线位置。

4. 分别从两耳后位置挑出发缕，用皮筋在脑后中轴线位置扎好。

5. 从剩余发尾挑出发丝向上拉起，将发梢放入上一层固定好的发区内，用发卡固定。

6. 按照顺序挑出发缕，按照同样手法做卷固定，调整每缕发卷的位置，让发卷整体造型成椭圆形。最后用发胶固定造型。

7 将刘海三七分开,将发梢拉到侧面,用吹风机或电卷棒做出发梢曲度,增加造型的灵动飘逸感。

8 调整发包弧度,在半侧面可以看到发包。

9 发型背面完成效果图。

10 选择边缘有绣花、蕾丝装饰的头纱,用发卡分别在头顶和耳后方固定。

11 选择复古风格的装饰花,固定在头侧,遮盖头纱和头发的连接线。

12 / 13 / 14

/右侧完成效果图
/左侧完成效果图
/背面完成效果图。

FLOWER BRIDES

模特：李缓

鲜花新娘

/新娘妆容
/轻盈扎发
/田园编发
/端庄盘发
/简洁盘发

1 底妆用水润立体打底法，请参见〈基础篇〉水润立体底妆方法。

2 在涂抹眼影前先将睫毛夹翘。

3 用中号圆头眼影刷蘸取金色眼影粉平涂于上眼睑。

4 用小号圆头眼影刷蘸取金色眼影粉涂抹下眼睑，着重涂抹后眼尾1/3处。

5 用小号圆头眼影刷涂抹金棕色眼影粉，涂抹在后眼尾处。

6 用小号扁平眼影刷，蘸取贝壳色，涂抹在内眼角，使眼形看起来更完美。

7 采用标准眼形描画方法，画出眼线，外眼角微微上挑。

8 上睫毛涂抹睫毛膏。涂抹睫毛膏时先由睫毛根部呈Z字形涂抹，再用睫毛膏向外呈放射状拉长，这样涂抹的睫毛会根根分明，比较自然。

9 涂抹下睫毛时，选用小或细的睫毛刷头，呈Z字形涂抹。

10 选用小刷头涂抹下睫毛，涂抹时呈Z字形向外涂刷。

11 为打造自然妆感，选用一撮一撮的假睫毛，在缺少睫毛的部位进行嫁接粘贴，完善自然睫毛形状。

12 模特本身眉形比较标准，画眉毛时，用染眉膏将眉部颜色遮盖，主要突出眼妆。

13 用粉底刷将嘴唇颜色覆盖。

14 在嘴唇内部，用水状唇彩涂抹。

15 用干净的唇刷，由唇轮廓内侧向外涂抹，使嘴唇外轮廓看来柔和自然。

16 用手指蘸取膏状腮红，涂抹出桃心状腮红。

17 涂抹腮红后,将手指上剩余的胭脂涂抹在鼻翼两侧、鼻头、印堂处、下巴处,这样可以使皮肤看起来有白里透红的通透感。

FINISHED

1. 竖直分出发片，用造型板夹由发根向发梢（滑动旋转）运动式烫卷，用造型板将头发做出竖卷。

2. 用造型板做成的弧度卷，由发根至中间部分大弧度梢部卷曲加重。

3. 将刘海区和头顶区底部倒梳，使头发变得蓬松。

4. 将取出的小缕头发编三股辫。

5. 将整体头发在脑后区扎低马尾。

6. 将扎好的马尾与发根处留有一定距离。

7. 在扎好的马尾处挑出刚刚编好的三股辫。

8. 左手紧拉三股辫，右手向上推整体马尾，使脑后区头发变得蓬松，形成自然弧度。

9 从马尾处提取一缕头发，缠绕发根盖住橡皮筋。

10 用手将脑后区的头发提拉成自然的发丝，调整形状。

11 选择淡雅的白色大朵花或小朵的组合花作为发饰，固定在扎马尾根部。

12 / 13 / 14 / 15

/正面完成效果图
/背面完成效果图
/右侧完成效果图
/左侧完成效果图。

1. 先将前发区进行1:9分区，再将头发根部用小号玉米须电烫，增加发量。
2. 侧边缘选用反三股双加辫。
3. 将侧边反三股双加辫编至脑后中央部分。
4. 编好发辫后固定，用双手将发辫两侧提拉蓬松。
5. 另一侧用同样方法，编成反三股双加辫，这样侧面形成两条辫子。
6. 将两条辫子交叉、折叠在一起。
7. 用发尾缠绕橡皮筋根部遮挡橡皮筋。
8. 将发尾用尖尾梳倒梳，变得蓬松。
9. 用发胶固定，将发尾整理成型。
10. 在编好的发辫处，从上至下将小碎花固定，作为鲜花新娘的发饰。

Elegant Updo

端庄盘发

1. 在前发区沿发际线留出一指宽的碎发。

2. 将剩余头发的刘海区和顶部头发，在其发根处倒梳。

3. 将头发向后表面梳光。

4. 做正三股双加辫。

5. 将脑后区头发全部加入三股辫中，编至发尾，用橡皮筋扎好。

6. 将扎好的马尾两侧向上提拉发丝，做手撕辫。

7. 将三股辫两侧提拉出发丝，做三股手撕发辫。

8. 选用大朵芍药花，配搭在发辫侧边。

9 用卷发棒将前发区头发烫卷。

10 将前面刘海的发缕，用卷发棒烫卷。

11 将前发区烫卷的头发，用手部向后提拉，做出空气飘逸的感觉，长发丝可以固定在脑后处，让发缕搭配在花朵的上方。

12 将发辫向上提拉，发尾藏在发辫内，用发卡固定。

13 最后用手提拉发丝调整形状。

14 / 15 / 16 / 17

/正面完成效果图
/背面完成效果图
/右侧完成效果图
/左侧完成效果图。

SIMPLE UPDO 简洁盘发

1 将头发梳理通顺，提拉在掌心内。

2 用尖尾梳做轴心。

3 将发尾向上旋转做单包。

4 注意用发卡的位置，在左手提拉发片处，让提拉上的发片与头部紧紧相连，并用发卡固定。

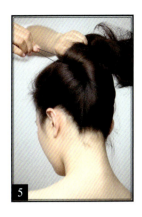

5 旋转提拉向上的发尾与头部紧贴，用U形夹由上至下插入固定，卡子与发丝成90度。

6 U形夹固定后搭配小黑发卡，固定U发卡，以便让大发包紧实，不易滑动。

7 将头顶区发梢底部倒梳，变得蓬松。

8 发尾蓬松后，利用原有的弧度，放在头顶部固定，再用猪鬃刷，由后向前倒梳碎发。

9 利用猪鬃刷可以抓取头发的特征（由前至后，带动发缕，用定型胶固定，做出蓬松、自然质感），使前发区有强烈的飘逸空气感。

10 将鲜花搭配于发卷侧边。

11 将头发整体用发胶固定，整理成型。

Fairy Tale Brides

模特：妮娜

童话新娘

/新娘妆容
/欧式卷发
/创意编发
/时尚扎发
/优雅编发

Bride's Make Up

新娘妆容

1. 先将遮盖液点在黑眼圈处，再用手指的指肚轻轻点涂开，遮盖黑眼圈。

2. 采用水润打底法画底妆，参见<基础篇>水润打底法。

3. 在眼妆前先用睫毛夹将睫毛夹卷翘。

4. 选用白色珠光笔在上眼睑中央部分和内眼角处，画出高光效果，令眼妆润亮立体。

5. 使用无辜眼妆画法描画眼线，参见<基础篇>无辜眼线。

6. 涂抹睫毛膏，令睫毛根根分明。

7. 选用剪纸式创意睫毛粘贴在后眼尾处，打造森林精灵的妆感。

8. 选用膏状腮红，用指腹点推匀开，打造从两颊到鼻翼连接区域的晒伤效果。

9. 用棕色眉笔或者眼线笔，在面颊和鼻翼两侧点出不规则小雀斑，增加妆容的减龄俏皮感（追求完美肌肤的女孩们可以省略此步骤）。

10. 童话新娘妆容完成效果图。

1. 整头由下至上分层，每层分出细小发缕，用19号卷发棒为每个发缕做卷，形成全头细小卷发。

2. 千万不要使用梳子梳通头发，要用手将做好的每个发卷撕成2~3缕，这样的做法会让发卷更有立体感和支撑力。

3. 在刘海区中部选取一小缕头发，扭转后向后用发卡固定。

4. 将编好的花环固定在顶区，固定时要注意花朵的位置，要自然生动，增添美感。

5. 在固定花环时，可使用大号U形夹将花环固定在头发上，再使用小发夹固定U形卡。

6. 用棉棒蘸取透明色唇蜜，涂抹在上眼睑处，增加高光区的润亮感。需要注意的是，这个步骤在拍摄前再操作，以避免脱妆。

7/8/9/10

/正面完成效果图
/背面完成效果图
/右侧完成效果图
/左侧完成效果图。

1. 先变换妆容：选用中号圆头眼影刷，蘸取带有金属质感的棕粉色眼影，由睫毛根部向上涂抹，颜色由深至浅。

2. 选用小号圆头眼影刷，蘸取深棕色眼影，贴近上睫毛根部，涂抹在后眼尾处。

3. 选用小号圆头眼影刷，蘸取深棕色眼影，贴近下睫毛根部，重点涂抹后1/3眼尾处。

4. 贴紧睫毛根部，描画出无辜眼妆式眼线，参见〈基础篇〉无辜眼妆的画法。

5. 在描画下眼线时，要注意将上下眼线相连接。

6. 上睫毛选择浓密型假睫毛进行粘贴。

7. 为打造芭比娃娃式眼妆，下睫毛也要选用浓密型睫毛。为了达到最自然真实的眼妆效果，建议选用透明色睫毛梗的假睫毛。

8. 选用贝壳亮粉涂抹于内眼角，使眼睛更加明亮。

9 粘贴好下睫毛后,用眼影刷轻轻将眼线向外晕染,让假睫毛的衔接更加真实,宛如天成。

10 选用茶色眉笔,画出"一"字眉。也可以用眉刷涂画。

11 选用粉色唇膏,随着模特本身唇形描画,避免夸张。

12 在颧骨最高处画出团式腮红。

13 选取具有金属感的高光色在下眼睑处涂抹完成提亮效果。变妆完成。

14 在发型开始前,先按图所示进行分区。

15 选用圆形发区外侧边缘发区的发丝,加入细铁丝编三股加辫,增加辫子的立体支撑效果。

16 采用单侧加发的方法编三股辫,将细铁丝编入发辫内侧。

17 围绕头顶圆弧区，在其外缘编出两层带有层次感单侧加发的三股辫，整体造型接近皇冠形状。

18 将多余的发辫尾部藏于皇冠形造型内部。

19 用发夹固定皇冠造型。

20 拉起剩下散发的发丝，用徒手倒梳的方式将头发由发梢推至发根倒梳，做出蓬松短发的效果。

21 / 22 / 23 / 24

/正面完成效果图
/背面完成效果图
/右侧完成效果图
/左侧完成效果图。

1 在头顶区扎一个高点马尾。

2 用一根木棍固定在发根部,作为支撑。

3 用头发将木棍缠绕遮盖,再用皮筋进一步加固。

4 将扎好的发段向下推成类似灯笼的圆弧状。

5 依据头发的长短来决定做出几个发段,操作方法同4,最后将发尾倒梳造型。

6 调整好形状后,用发卡固定灯笼造型。

7　开始变妆：选用深蓝色油彩描画出夸张眼线，增加妆容的色彩冲击力。

8　在后眼尾处画出上扬延长型眼线，使眼神更加明亮精神。

9　唇色改为淡粉色，以配合深蓝色的眼妆。

10 / 11 / 12 / 13
/正面完成效果图
/背面完成效果图
/右侧完成效果图
/左侧完成效果图。

1 将前发区中分成左右两区。

2 以耳后为界，分出两侧发区编成正三股辫。

3 挑出正三股辫中的其中一股，抓住发梢部分，顺着发股向上推另外两股头发，使发辫变形呈锁链状。

4 将变形的发辫向上翻转，用发夹固定在头顶区，另一侧同样方式操作。

5/6/7/8

/正面完成效果图
/背面完成效果图
/右侧完成效果图
/左侧完成效果图。

ELEGANT BRIDES

模特：王翠霞

优雅新娘

/新娘妆容
/动感发饰
/迷人扎发
/创意发饰
/复古卷发

Bride's Make Up

新娘妆容

[1] 底妆采用丝绒立体粉底画法，参见<基础篇>丝绒立体打底法。

[2] 用手指蘸取浅贝壳色眼影粉，均匀涂抹在上眼睑处。

[3] 用中号圆头眼影刷蘸取珠光蜜桃粉色眼影粉，顺眼窝走向涂抹。

[4] 选用小号扁头眼影刷，蘸取珠光白色眼影粉，涂抹在下内眼角处。

[5] 用眼线刷蘸取眼影膏，贴近睫毛根部填补内眼线。

[6] 选择后眼尾长内眼角短的假睫毛，让真假睫毛完全吻合粘贴。

7 在粘贴假睫毛后，用睫毛膏将真假睫毛同时涂刷，让二者合为一体，更加逼真自然。

8 用海胆型刷头的睫毛刷更利于精准地刷涂下睫毛。

9 选择浅棕色眉笔画出自然眉型。

10 选取蜜桃粉色腮红，用醉霞式涂抹法，涂抹在两颊位置。从眼妆到唇妆到腮红，整个妆容都是鲜嫩的蜜桃风。

11 选用滋润的蜜桃粉色唇膏，用唇刷涂抹嘴唇。

12 在涂抹口红后，再用珠光粉色眼影粉或口红涂抹在嘴唇上，打造雾面丝绒感。

1 在脑后扎一个高马尾。

2 在马尾上固定发网。

3 在发网的辅助下,盘一个光滑发髻,并用发夹固定。

4 用U形发夹固定发饰。

5/6/7/8
/正面完成效果图
/背面完成效果图
/右侧完成效果图
/左侧完成效果图。

1 提拉起顶部头发，使用猪鬃梳在头发反面进行倒梳，可以增加发量，增强造型的体积。

2 放下倒梳好的发片，轻轻将头发表面梳光滑，注意手法要轻，不要破坏底层的蓬松毛发。

3 为了增加头发的饱满度，梳光头发表面的时候，用另一只手向上推起脑后头发，并配合发胶固定造型。

4 将发饰佩戴在右侧耳后，用发夹固定。

5 将刘海区的头发用单股加辫的方法扭转成两股辫。

6 将两股辫继续扭转，顺着枕骨下方一直转到左侧发饰下，用发夹固定。

7 从贴近左耳下方的发髻线，拿起发缕，向上翻转和两股辫相连接，用发夹固定。

8 右侧的头发同样的操作方法，注意同左边卷好的发片交错排列，让造型更加灵动自然。

9 　用发胶固定造型。

10 　用尖尾梳将脑后区发丝挑起，让后脑从侧面看起来呈饱满的圆弧状。

11 　选取金色唇膏或浅金色眼影粉涂抹在嘴唇内轮廓，营造雅典娜女神般神秘高雅气质。

12 / 13 / 14 / 15

/正面完成效果图
/背面完成效果图
/右侧完成效果图
/左侧完成效果图。

1 在脑后区扎一个高马尾。

2 用发网包住马尾。

3 在发网辅助下,盘出光滑发髻,并用发夹固定住造型。

4 配合创意发式造型,开始进行整体变妆。首先,用中号圆头眼影刷,蘸取浅金色眼影粉,涂抹在内眼睑处。

5 用小号眼影刷,蘸取浅棕色眼影,以V字形手法涂抹在眼窝到眼线区域。

6 用小号眼影刷,蘸取深棕色眼影,贴近睫毛根部顺着眼线涂抹。

7 用眼线笔重新强调出眼线,并在眼尾处适当延长,突出明亮的眼神。

8 用小圆头眼影刷,蘸取深棕色眼影,涂抹在眼尾处,让眼影呈平行四边形向外扩散。

9 选用小号扁头眼影刷，蘸取贝壳色眼影，在内眼角下方勾勒出清晰的内眼角，让眼睛看起来更加明亮、妩媚。

10 为了突出整体妆容中的妩媚眼妆，选取与肤色相近的裸色系唇膏，达到弱化唇妆的目的。

11 用唇蜜轻点在下唇中央，让下唇看起来更加鲜嫩欲滴。

12 选用棕红色腮红，以立体结构式画法涂抹腮红，参见＜基础篇＞立体结构式腮红。

13 将结构式发饰固定于发顶，由于模特前额略窄，可以略遮额头，起到在视觉上加宽额头的作用。

14 / 15 / 16 / 17

／正面完成效果图
／背面完成效果图
／右侧完成效果图
／左侧完成效果图。

Retro Curly Hair 复古卷发

1. 将头发二八分区后，将额头刘海区头发由后向前做平卷。

2. 以传统的"砌砖"的方式，错落排列做出发卷。

3. 用夹子将发卷固定，等发卷冷却，能增加发卷弹性和持久度。

4. 拆掉发卷后，将发卷彻底梳通顺，用尖尾梳配合手势摆出上下S形的波纹发型。

5. 用手提拉起发尾发丝，喷干发胶固定造型。

6. 用左手固定住折痕高度，右手向上推出折痕。

7 每一层头发都是向前、向后推出波浪的造型。

8 选取单朵大花发饰佩戴在一侧。

9 / 10 / 11 / 12

/正面完成效果图
/背面完成效果图
/右侧完成效果图
/左侧完成效果图。

Retro
Brides

模特：小倩

复古新娘

/新娘妆容
/妩媚波浪
/经典波纹
/摩登发式

Bride's Make Up

新娘妆容

1. 底妆采用立体丝绒式打底法，参见<基础篇>立体丝绒打底。

2. 选用中号圆头眼影刷，蘸取浅棕色亚光眼影粉，从眼尾到眉头晕染眼影。

3. 选用小号圆头眼影刷，贴近上睫毛根部，从眼尾画到内眼角，可以增强眼部妆容的立体感。

4. 选用小号圆头眼影刷，蘸取浅棕色亚光眼影粉，贴近下睫毛根部，从眼尾画到内眼角轻轻晕染。

5. 采用定点式复古眼线眼妆：先在后眼尾找到与内眼角平行线的位置定出标点。

6. 用左手轻轻提拉上眼睑，使睫毛根部完全暴露，使笔头完全贴紧上睫毛根部，由眼尾到眼角用一段一段的笔法描画。

7. 复古眼线的最突出特点是：后眼尾比内眼角宽，眼线要延长，先在上缘画出眼线的宽度，再向外平直拉长。

8. 睁开眼睛，用眼线膏填实睫毛线与刚刚画好的上边缘眼线间隙，使之连接。

9 在粘贴第一层假睫毛时，一定要贴近睫毛根部，由下而上粘贴牢固。

10 复古眼妆的特点就是要突出眼尾的睫毛，所以我们要选取眼尾比较夸张的假睫毛再次粘贴。

11 用眉笔画出基本的平直眉形。

12 用平头眉刷，将眉头、上边缘和眉尾轻轻涂刷晕染虚化，呈现自然眉毛的绒状感。

13 用粉底刷给嘴唇打底，遮盖唇色，这样做令抹口红后颜色还原度更高。同时还可以勾勒出嘴角线条，适当调整唇形，使唇形更完美。

14 用小号平头眼影刷蘸取贝壳色眼影粉，在唇谷到唇峰的位置强调，可以增加唇部的立体饱满感。

15 唇妆采用有形唇画法，参见<基础篇>有形唇。

16 腮红采用结构式腮红画法，参见<基础篇>结构式腮红。

17 用中号粉刷蘸取浅色亚光粉饼，由鼻底线向耳根处涂抹，可以营造面部立体感，更加突出腮红。

FINISHED

1 前发区三七分。

2 刘海区的头发根据发量均匀分出发片，由后向前做平卷。

3 刘海区以外的头发，根据发量平均竖分发片，做成竖卷。

4 在给发片做卷时，发梢要全部充分缠绕到卷棒上。

5 整头头发都是从上而下地分发片，做出竖卷，每个发片要有一定的发量，不宜过少。

6 将卷好的发片用鸭嘴夹固定冷却，可以增加发卷的弹性和持久度。

7 摘掉鸭嘴夹，将头发从根部到发梢梳顺梳透。

8 做长发波浪的刘海，先用小鸭嘴夹固定刘海根部，增加支撑力。

9 右侧头发喷干发胶后再用定型风筒烘干定型。

10 所有头发搭放在左侧，先用手做出上下纷飞错落的S形波浪，再用定型风筒固定造型。

11 选用可遮住半脸高度的面纱固定在头发两侧，可增加新娘的神秘和妩媚气息。

12 用发夹固定时，注意将发夹暗藏在发饰内侧。

13 / 14 / 15 / 16
/正面完成效果图
/背面完成效果图
/右侧完成效果图
/左侧完成效果图。

Classical Ripple 经典波纹

1. 以耳后根部为准，分出前后两个发区。

2. 将前发区三七分开。

3. 前发区头发以3/7分界线为准，分别向左、右两侧做出平卷。做好卷后，用小鸭嘴夹固定冷却定型。

4. 脑后区做低马尾。

5. 将马尾平均分成左右两部分。

6. 将两股头发缠绕打结。

7. 将打好结的马尾造型用发卡固定在脑后区。

8. 将前发区的发卷打开后梳理通顺，每个发卷分别用大、小鸭嘴夹配合将头发推出S形固定。

9 特别提示：在做手推S状造型时，每个发卷都要呈水滴状，再进行固定。

10 取下发夹后，喷干发胶固定造型。

11 用烘干风筒定型烘干头发。

12 选取具有复古风格的发饰固定点缀在造型上。

13 / 14 / 15 / 16

/正面完成效果图
/背面完成效果图
/右侧完成效果图
/左侧完成效果图。

1. 在脑后区根据头发的长度编三股辫,留出足够的发尾长度。

2. 将发尾部分用小号卷棒做卷。

3. 将做好卷的发尾向上提至额头前方,用发夹固定造型。

4. 用手将每缕头发拉出粗细不等的发丝,摆放在额头前方。

5. 用一块长形蕾丝纱从脑后绕至额头,留出刘海位置,交叉固定做包头巾。

6. 多余蕾丝绕到脑后包住脑后头发,用发卡固定造型。

7/8/9/10

/正面完成效果图
/背面完成效果图
/右侧完成效果图
/左侧完成效果图。

A AI BLE 3 PART
实用篇

如何能够快速变化妆容和造型？如何能够为新人变化更多的风格？如何能够更好地沟通？如何能够成为新娘满意的化妆造型师？在实用篇里也许就有你想要的答案！美是有规律可循，但无规矩可守的。希望大家看了这篇内容以后得到启发，将这些简单易行的方法运用到工作中。

Beauty Begins

如何做百变新娘

● 如何快速变换妆容和发型

★ 妆面

▲ 眼形的变化

想改变妆容首要就是改变眼妆。用线条改变形状，用影调改变凹凸立体感，增加情感色彩！

眼线

眼影粉描画无形眼线——标准眼形——上扬眼形——尾巴擦掉后变化无辜眼形——全包眼线

眼影

浅色平涂——渐层——后移——后移+前移——烟熏

假睫毛

涂抹睫毛膏——嫁接单撮——后半段加密假睫毛——整条加长假睫毛

▲ 眉形的变化

人物的性格特征从眉毛的形状和颜色上表现得淋漓尽致。包括一些开运风水也和眉毛的形状、颜色联系紧密。

形状改变

平眉——弯眉——上扬眉——欧式眉——细眉——粗眉——淡眉——浓眉

▲ 唇的变化

唇部在与人沟通、微笑、噘嘴等表情时最吸引他人目光。所以改变唇部的形状和颜色就会使整个妆容在最短的时间内得到最大的变化。

形状改变

薄唇——厚唇——无形唇——有形唇

颜色质感变化

浅色——深色——渐变色——亚光质感——水润质感——闪亮质感

▲ 腮红的变化

腮红看似没有什么太大的变化进而影响妆容，殊不知腮红通过颜色、形状、位置的改变可以调整我们的脸形、可以确定妆容调性。

★ 发型

质感变化

光滑——水润——直发——小曲直发——小卷发——大卷发——不规则卷发

形式变化

散发——半盘发——全盘发——侧盘发——对称盘发——不对称盘发

外轮廓变化

圆形——椭圆形——三角形——方形——多边形

技法变化

扎束——倒梳——编织

★ 发饰

发饰可以起到画龙点睛的作用。可以与服装搭配使整体美感统一，可以与发型搭配扬长避短。

鲜花——干花——假花——真假花结合——帽饰——金属饰品——宝石饰品——纸制饰品——木制饰品——大网纱——小网纱——软纱——硬纱——羽毛

温馨提示：以上内容只起到抛砖引玉的作用，仅供参考！

Case One 案例一

先由最清淡自然的描画开始第一款妆容。由使用造型产品最少的造型开始第一款造型。

底妆：
使用丝绒立体式打底，具体操作方法请参见〈基础篇〉丝绒立体粉底。

CANDY BRIDE 甜美风格新娘

1 选用大号圆头刷蘸取肉粉色金属质感眼影粉，在上眼睑处用平涂法将眼影涂抹均匀。

2 选用扁头小号眼影刷蘸取象牙白色金属质感的眼影粉，涂抹在眉骨处，使眼睛看起来更立体。

3 选用小号圆头眼影刷蘸取浅棕色眼影。在后眼尾上下眼线的1/3靠近睫毛根部的地方均匀涂抹，使眼睛有自然拉长变大的作用。

4 选用小号扁头眼影刷蘸取象牙白色金属质感眼影粉，涂抹在内眼角处，凸显内眼角的形状使眼睛看起来更明亮。

5 使用眼线刷蘸取少量的亚光黑色眼影粉，描画眼线。在描画时眼线要有渐变，越贴近睫毛根部的地方颜色越深。

6 选用浓密防水型睫毛膏，涂抹上睫毛时只涂抹睫毛根部，为睫毛加密和上翘定形。切记不要将睫毛膏涂抹在睫毛尖上，这样会破坏自然感！

7 选用海胆刷头睫毛膏，先呈Z字形涂抹下睫毛根部再由根部向外拉长下睫毛。

8 选用根部交叉、睫毛尖打磨过的仿真自然型假睫毛。

9 只粘贴后眼尾部分，加密加长后眼尾，这样做使眼妆自然并拉长眼睛，不会给眼睛带来不适感。

10 本身眉毛形状很符合妆容要求，就用最简单的方法，眉刷蘸取浅棕色眉粉描画眉形。

11 整个妆容都是淡雅清新的感觉，所以选用浅金色染眉膏为眉毛降色。

12 用遮瑕膏为唇部打底。

13 选用液体防脱色唇膏，在唇部内轮廓涂抹。待干后可反复多次涂抹，加大唇部的渐变感。

14 用手轻轻拍打唇的外轮廓，让颜色自然过度。

15 唇部最后涂抹的是护色防脱亮油，使唇部水润柔亮。

16 用手指蘸取膏状腮红，由颧骨最高点呈桃心形状向外扩散拍打。

17 妆容完成。

18 先将头发扎一个高点马尾。

19 把前发区发际线的碎发留出。

20 将马尾松松地编一个三股辫。

21 把编好的三股辫在头顶转一圈，底部用发夹固定。

22 将选好的鲜花先固定在头部，发夹一定要穿过花朵身体固定。固定好以后剪掉多余的花茎。根据自己想要的花帽形状将鲜花排列固定。

23 / 24 / 25

/正面完成效果图
/右侧完成效果图
/左侧完成效果图。

ELEGANT
BRIDE 优雅风格新娘

由第一款妆发向第二款妆发改变。同属于淡妆系列，在原有的眼妆上加涂了眼影。唇色减色后将水润质感改变成丝绒质感。发型因为用了编织法，并没有使用造型产品，为变换下一款造型带来便利。

1 为了妆容的干净，先用面巾纸折叠后放在下睫毛根部，再用中号扁头眼影刷蘸取棕灰色珠光眼影粉，由睫毛根部向上晕染。

2 用小号扁头眼影刷蘸取象牙白色金属质感眼影粉，涂抹在眉骨处使眼睛看起来更立体。

3 为防止眼妆过重，将假睫毛去掉。再次涂抹睫毛膏拉长睫毛。

4 选用海胆刷头睫毛膏，先呈Z字形涂抹下睫毛根部，再由根部向外拉长下睫毛。

5 选用小号扁头眼影刷蘸取象牙白色金属质感眼影，描画下眼影前1/2，重点色在中间点。使眼睛形状更加拉长，眼神更明亮。

6 用手指蘸取亚光冰粉色口红涂抹唇部。

7 用扁头小号眼影刷蘸取珠光象牙白色眼影粉涂抹在嘴唇中央，打造丝绒质感。

8 用小号腮红刷蘸取粉色腮红，在颧骨处做团式腮红。

9 整妆完毕。

10 如图分区。

11 将脑后区头发倒梳。

12 倒梳后的脑后区呈饱满弧形后扎低马尾。

13 前发区由耳朵上方开始编反三股双加辫。

14 两侧编法相同。再将编好的辫子两侧向外拉松。

15 两条辫子在中心点交叉后分别用发夹固定。

16 在马尾底部倒梳增加发量。

  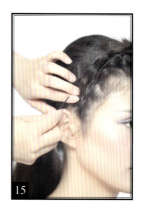 

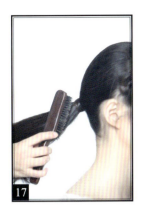  

17 把倒梳好的马尾表面梳光。

18 由发尾向上卷起，做空心卷后用发夹固定，在脑后区做低发髻。

19 选用藤条搭配小花做发饰。

20 / 21 / 22 / 23

/正面完成效果图
/背面完成效果图
/右侧完成效果图
/左侧完成效果图。

Noble Bride
高贵风格新娘

第三款妆发也是相对干净简洁，主要突出红唇。红唇在描画后使新娘整个气质改变，发饰选用头纱突出造型，打造高雅气质。

1 先将前面的妆卸掉，因为妆很淡很好卸妆。再把粉底打好。

2 用中号圆头刷蘸取亚光白色眼影均匀涂抹在上眼睑处。

3 选用眼线膏，描画复古式向外拉长的眼线。

4 挑选后眼尾略长的假睫毛粘贴。

5 选用小号扁头眼影刷蘸取象牙白色金属质感眼影，涂抹在内眼角处。凸显内眼角的形状，使眼睛看起来更明亮。

6 用大号眉刷蘸取棕色眉粉，扫出眉形。

7 选用眉笔随着眉毛生长方向一根根画出，虽然是浓眉也要有透气感，不要画成死黑的眉毛。

8 眉部描画最后用扁头小眉刷将上边缘晕开，把落笔过重的笔触扫淡变得自然。

9 用唇线笔勾勒出完美唇形。

10 用唇刷蘸取口红在轮廓内涂抹均匀。涂好后用纸巾压在唇部吸走多余油脂，再次涂抹口红，这样可使颜色饱和持久。

11 最后用棕红色腮红涂抹结构式腮红。整妆完成。

12 头发三七分后扎低马尾。

13 用发网将马尾包裹。

14 在发网的辅助下，旋转马尾打结。

15 缠绕打结后，将发尾藏在发髻下方，用发夹固定。

16 头纱在中央部分抓出均匀褶皱，用别针固定。

17 把头纱放在头顶处,两边用发夹固定。

18 底部固定好以后将头纱翻到后面,再向上提拉头纱确定褶皱后用U形夹固定。

19 / 20 / 21 / 22

/正面完成效果图
/背面完成效果图
/右侧完成效果图
/左侧完成效果图。

Retro Bride 古典风格新娘

第四款整体造型以古典女性气质为主进行打造。妆容大胆尝试醉颊式腮红和无辜眼妆，两者巧妙结合后使女性更加温婉典雅。发型采用传统中分搭配低发髻，手法简单易学可以快速变化。

1 变换妆容时先涂腮红，将面积确定后，在靠近后眼尾处将颜色加深。

2 眼线平直向外拉长，在贴近眼线上边缘用平头刷将眼线晕开。

3 选用圆头刷直接蘸取黑色眼影粉在后眼尾1/3处向外晕染，打造无辜眼妆效果。

4 选择后眼尾较长的假睫毛粘贴，眼尾假睫毛平贴，不要上翘，这样可以辅助眼形更加完美。

5 挑选小段假睫毛粘贴在下睫毛的后1/3处，增加无辜感。

6 在内眼角涂抹珠光亮彩液，可以调整眼形又可为眼神增加光彩。

7 在眼球正中央对应位置的眼皮上涂抹珠光粉，增加眼睛的立体感。

8 用手指直接将口红涂抹在嘴唇上。

9 妆容完毕。

10 以耳后为界，分成前后发区。

11 后发区，中间大梯形，两侧上下各分两发区。

12 将脑后中间区域倒梳。

13 将表面梳光，调整成上大下小的椭圆形。

14 将发尾藏在发包内，用发夹固定。

15 将脑后两侧发区的两条发辫分别做成两股手撕发。

16 将做好的发辫在脑后交叉固定在发包上。

17 前发区中分,将发片提拉至耳后用发夹卡固定。发尾做手撕发后固定在发包上。

18 / 19 / 20 / 21

/正面完成效果图
/背面完成效果图
/右侧完成效果图
/左侧完成效果图。

CASE TWO 案例二

整体妆容造型中,为准新娘设计四款风格不同的造型。妆容和发型都由简洁自然向复杂经典变化。

1 妆前。

2 做好基础立体粉底后，选用金属质感浅棕色眼影平涂于上眼睑。

3 在眼球正中央位置涂抹金属质感象牙白色眼影，增加眼睛的立体感。

4 为了使妆感自然清新，用单撮假睫毛粘贴。

5 涂抹团式腮红。

6 眉毛采用液体眉笔一根根画出缺少的眉毛，达到自然天成的效果。

7 先用粉底将唇底色覆盖，再选用蜜桃色口红涂抹。

8 选用唇蜜涂抹于嘴唇中央，增加立体感和亮度。

9 先以一侧眉头为基准点三七分发。

10 将头发放于脑后区，梳低马尾。

11 采用橡皮筋缠绕法，扎马尾。

12 在发辫中挑出一缕头发缠绕橡皮筋。发尾用发卡缠绕后插到发辫根部。

13 用猪鬃梳将前发区边缘头发由后向前倒梳，把碎发带出。

14 用发胶把飞出的碎发定型，打造一种风吹过的瞬间感觉。

15 选用小枝单花做发饰固定在耳后。

16 将马尾提拉起用发胶固定，使整体造型更加富有动感。

> 最后在拍照之前，用透明唇蜜涂抹在上眼睑和颧骨处，打造水润妆感。
> **TIPS**

1 第二款整体妆容。

2 使用浅金色染眉膏为眉毛降色，这样可以更好地突出眼妆。

3 直接挑选后眼尾浓密的假睫毛使用，可以快速调整眼形和突出妆效。

4 用眼线膏贴着假睫毛根部描画眼线。

5 选用扁头小号眼影刷蘸取深棕色眼影粉涂抹在黑色眼线上边缘。

6 选用小号圆头眼影刷，将眼线上边缘向上晕开。在后眼尾处，颜色和面积加重加大。

7 选用牙刷状的眼影刷，将眼影的上边缘刷匀。

8 用眼线笔在下眼线后1/3处描画，使上下眼线连接。

9 用圆头小号眼影刷蘸取棕色眼影粉，将眼线外边缘晕染开。

10 用小号眼影刷蘸取睫毛膏，涂抹下睫毛，这样可以使睫毛根根分明，整洁易掌控。

11 涂抹结构式腮红。

12 涂抹裸色亚光口红。

13 在唇谷处用珠光象牙白色涂抹，可使嘴唇立体感增强！

14 在颧骨最突出的部位涂抹金属质感象牙白色，打造肌肤光泽质感。

15 由下向上分出两指宽发量。

16 低角度提拉发片做卷。

17 横拿卷棒烫出的波浪立体感更强。

18 每次卷烫时卷发棒的高度与角度一致。

19 第二层发片与第一层做法相同。第二层卷发棒的高度与第一层一致。

20 整头卷好后，要让每一层的头发凹凸一致。

21 刘海区平均分成三等份。

22 横拿卷棒做卷。

23 根据烫好卷的凹凸用鸭嘴夹固定。

24 脑后区的头发全部梳通透。

25 根据头发的凹凸，用鸭嘴夹固定。

26 用发胶固定后取下鸭嘴夹。

27 佩戴发饰。

FINISHED

1. 选用金色眼影大面积平涂上眼睑。

2. 粘贴自然假睫毛。

3. 用圆头小号眼影刷蘸取深棕色眼影，在下眼睑后1/3处描画眼影。

4. 先用黑色睫毛膏涂刷眉毛。为了使此妆容更有个性，将眉毛向上涂刷得根根分明，更有力量感。

5. 用眉笔描画出根根眉毛的效果。

6. 涂结构式腮红。

7. 用深色修饰脸形。在颧弓下线处涂抹深色腮红，起到收腮立体的效果。

8. 涂抹裸色口红和唇彩。

9. 将上一款头发梳顺，分成两份放在胸前。

10. 拍摄时，一边用风筒吹风一边把头发梳成片状再用发胶定型，这样变换造型超级快。

1. 将头发平均分成两部分。

2. 将一侧头发再分成两部分，分别握在手里。

3. 从一侧发缕外边缘挑出一小缕头发放到另一侧发区内。

4. 每一次都是从大发缕的外边缘挑出一小缕头发，交叉放到对面的大发缕中。

5. 将发辫编好后，用手在发辫外边缘提拉出层次。

6. 用猪鬃梳由下向上倒梳，将碎发从发辫中带出。两侧发辫做法相同。

7. 将编好的两根发辫交叉放于前发际线边缘固定。

8. 在发辫上搭配一些小朵花材做装饰。

9 先将唇底色遮盖。

10 画咬唇妆。选用液体口红涂抹于嘴唇内轮廓。

11 用棉棒将嘴唇外轮廓晕染渐变，唇形模糊弱化，打造减龄少女感。

12 选用与唇色同色系的膏状腮红，涂抹出桃心状腮红。

13 / 14 / 15 / 16

/正面完成效果图
/背面完成效果图
/右侧完成效果图
/左侧完成效果图。

Beauty Begins!

准新娘打造

★ 妆前沟通

　　自己拥有一家化妆品店，每天对着瓶瓶罐罐的各色化妆品反而更崇尚清新淡雅的妆容，尤其喜欢那种宛若天然的透亮肤质，眼妆必须清新才能获得那种贴合大自然风情的透彻感。希望自己的婚礼充满乡村田园风情，自己的妆容也同样清新自然。鲜花花环是必不可少的配饰，松散慵懒的大卷发散落在金色的阳光里，或是波希米亚那种随意的编发都是难以割舍的田园元素。

★ 妆面分析

　　准新娘五官端正、清秀，嫁接了假睫毛足以满足清新眼妆的基本需要，所以妆容重点放在了肤质的打造上。准新娘肤色本身有些小麦色，我们要在保证肤质透亮的前提下，将她的肤色调整得更加白皙明亮。

　　针对准新娘蓄发期尴尬的齐肩长度，在盘起还是散落的选择上，还需要加以精巧的设计。

FRESH BRIDE
清新新娘

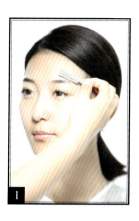   

1. 先用修眉刀修出基本的眉形。

2. 用小剪刀修整掉眉尾过长、多余的眉毛。

3. 将遮瑕膏点在黑眼圈处，再用手轻轻推开遮瑕膏遮盖黑眼圈。

4. 用粉底刷将粉底轻薄地涂抹于面部，参见基础篇"水润立体肤质打底法"。

5. 选用浅贝壳色提亮液，在下眼睑、鼻梁、下巴等需要高光的位置涂抹均匀，可以提高妆容的润透、光亮感。

6. 用大号粉刷蘸取少量散粉，由上而下轻扫皮肤定妆。

7. 选用中号圆头眼影刷，蘸取金属光泽感的肉粉色眼影粉，以平涂的手法画出眼影。

8. 选用小号扁平眼影刷，蘸取金属光泽感的肉粉色眼影粉，涂抹在下眼睑处。

9. 选用小圆头眼影刷，蘸取金棕色眼影粉，贴近睫毛根部涂抹在后眼尾处。

10. 选用提亮笔，在内眼角处勾勒出清晰的眼角，可以更加衬托明亮的眼神光芒。

11. 选用淡金棕色卧蚕笔，画在下眼睑处。可以在视觉上让眼睛增大，同时始终看起来是微笑的眼神，让亲和力瞬间飙升。

12. 选用浅金色染眉膏，覆盖原有的深色眉毛，通过弱化眉毛，可以更加强调明亮的眼妆，烘托柔美温和的气质。

13. 选用浅棕色眉笔在眉尾处略加延长，可以使气质更加清新温和。

14. 选用膏状腮红，在脸颊处轻拍晕成桃心状。

15. 用粉底刷蘸取粉底液，覆盖原本唇色。

16. 选用小号扁平眼影刷，蘸取贝壳色涂抹在唇峰处，清晰的唇峰轮廓可以增加嘴唇的立体感。

17 用手指蘸取唇膏，轻轻摁拍在嘴唇上，这种方法让唇色更加天然。

18 妆容完成效果图。

19 将头发喷湿至八成干，再拉起发根用定型风筒烘干定型，让发根更加蓬松有支撑力。

20 全头平均分出发缕，用造型夹将发梢从前至后全部夹卷曲。

21 低头后，将所有头发向前推到脑前，用发胶固定。发胶干后，把头发甩至脑后，这样处理过的头发会更加自然有蓬松度。

22 在前发区拉起发丝，再用发胶固定，让头发更具空气感。

23 选取大小不同的鲜花编成花环，在鲜花搭配时让花朵错落呈放射状摆放。

24 用U型夹固定花环的位置点，再用小发卡加固U型夹，这样可以使花环更加稳固。

25 / 26 / 27 / 28
/正面完成效果图/背面完成效果图/右侧完成效果图/左侧完成效果图。

29　选用小块网状头纱，固定在头顶区。

30　配合花环位置整理好网纱造型，再用钢夹固定。

FINISHED

Case Two

1 将头发左右平均分成两个发区。

2 在一侧前刘海区挑出两缕头发。

3 将两缕头发交叉打结,并轻轻拉紧,让发结贴近发根部。

4 再挑出两缕头发,分别加到打完结的两缕头发上再次打结并拉紧。

5 重复刚才打结——加发——打结的步骤,直至编到一侧头发的中心点,再用皮筋固定发尾。

6 另一侧发区采用同样的手法操作。

7 将两个辫子盘在脑后形成环状连接,将发梢藏在发辫中,用发卡固定。

8 轻轻拉起脑后区的头发,侧面看上去营造出更加饱满的完美弧形。

9. 用猪鬃刷轻轻逆向梳头发，在保持发辫造型的前提下，将发辫内部碎发刮出，营造出微风拂动发梢的飘逸感。

10. 选择花朵和花苞，组合成放射状鲜花发饰，固定在脑后区。

11. 将头纱固定在花环下方，先找出中点定点固定在脑后中央，再固定两侧。

12. 先将钢卡在头纱边缘穿过头纱，再插入头发固定好位置。

13. 另取一只钢卡，同样方法先连接头纱，再与刚才的钢卡交叉插入头发，这种十字交叉固定法会更加稳固。

FINISHED

★ 妆前沟通

  在上班的时候会画些简单的妆容，但是疏于对头发的造型。本人倾心于韩式风格的新娘妆容，想要那种天然BABY的润透肌肤质感，尤其喜欢清新的鲜花发饰。做新娘就是要颠覆往日的形象，希望婚礼当天能焕然一新。

★ 妆面分析

  准新娘属于国字脸型，通过矫正打底法来调整脸型。

  为了满足变妆程度高的诉求点，将妆容的重点放在眼妆上，因为本人外眼角向上吊给人严厉感印象，为了使她变得温柔可亲，就通过调整眼形来增加她的亲和力。

  准新娘发丝偏硬，为了配合韩式新娘的整体妆容，要着重于头发造型的空气感打造。

YOUNG BRIDE
减龄新娘

Case One

1 妆前效果图。

2 用水润打底法完成底妆，光泽润亮的肌肤质感会更加减龄。请参见<基础篇>水润打底法。

3 用小号散头遮盖刷，遮盖眼袋。

4 在上眼睑和脸颊部分，轻扫散粉定妆。

5 在眼部妆容前，先用睫毛夹将睫毛夹卷曲。

6 为了配合模特自身的眼型和气质，为她描画出"笑眼"，增加亲和的气质，先在后眼尾处找到与内眼角平行的位置定点，再描画眼线。

7 选择自然型假睫毛进行粘贴。

8 准新娘是轻微外双的双眼皮，为使美目贴更加容易粘贴成功，我们先贴假睫毛再贴美目贴。推荐选择表面磨砂质感和肤色相近颜色的美目贴。

9 选用液体眼线笔再次强调眼线。

10 选用中号圆头眼影刷,蘸取浅色金属质感眼影粉涂抹在上眼睑。

11 选用扁平眼影刷,蘸取黑色眼影粉,贴近眼线边缘轻轻涂抹,将眼线晕染过渡自然。

12 下眼影的涂抹位置为后眼角眼线外侧1/3处。

13 用眼线笔画下眼线,在眼睛下方中部开始画内眼线,可以增加眼睛的高度,使眼神更加明亮迷人。

14 选用小号扁平眼影刷,蘸取浅色眼影在前眼头部位勾勒出眼角,让眼形更加完美。

15 选用浅金色染眉膏,给眉毛降色,可以更加突出眼妆的明亮。

16 选用水蜜桃粉色唇膏涂抹唇部,如果唇部颜色深,可提前在唇部打底,增加唇膏的还原度。

17 选用同色系的水蜜桃粉色腮红做出团状腮红，平添准新娘的清新娇美。

18 将唇彩点在下唇中央位置，增亮唇色。

19 将头发提拉起，用吹风机将发根部吹蓬松。

20 选用25号卷棒，整头做出发卷。

21 将刘海区到头顶部位的发根分片后，使用尖尾梳倒梳发根，使头发更加蓬松有支撑感。

22 以耳跟为界，前后分出侧发区。

23 将刚分出的侧发区头发编出正三股小辫，发尾用皮筋固定。

24 将编好的辫子进行手撕造型。

25 在刚刚编好发辫的侧发区后面选取等量头发分出新发区。

26 重复使用三股手撕发辫的手法,根据发量编出4~6条手撕发辫。

27 另一侧头发同样方法操作。

28 将两侧辫子在脑后正中间位置交叉。

29 将交叉好的发辫用发卡固定造型。

30 将刘海区头发整理成具有空气感的、具有向后走向的飘逸感发丝,再用发胶固定造型。

31 选择准新娘喜爱的小朵鲜花作发饰佩戴在发辫上,增加造型的清新俏丽气息。

Case Two

1. 以两侧眉峰距离为宽度分出刘海区。

2. 用皮筋将刘海区头发扎出发束。

3. 一只手捏住发尾拉向一侧提拉，另一只手调整刘海的长度，做出齐眉长度的短刘海效果。

4. 将发尾拉至耳后方，用发夹固定造型。

5. 将脑后剩余头发以"Z"字形进行分区，分成两部分。

6. 由头顶开始编正三股双加辫。

7 在编好的三股辫的外侧提拉发丝，做三股手撕发辫。

8 将发辫提拉向上，将发尾藏入发辫造型，用发夹固定。

9 将盛开的花朵与未打开的花苞相搭配，用发夹佩戴在做好的发型上。

FINISHED

★ 妆前沟通

平时会画基础的打底、腮红等简约的日常妆，所以特别期待做新娘的这一天，有一次完全不同的全新体验。经常翻阅时尚类杂志，向往时尚大牌、温婉大方的妆容，苦于自己没有化妆造型基础，不知道怎么才能成为一个时尚新娘，期待眼前一亮的全新变妆！

★ 妆面分析

准新娘脸形偏方，两腮略突出，平时会选择学生发型，遮盖两颊，形成视觉上的小脸。在选择第一个造型时，为了迎合她对自己平时的视觉认知，获得心理上的认可，先不进行颠覆性的改变，只是在平时基础上增加灵动的时尚感。

属于痘痘肌，还有痘痕，所以在选择底妆时，要强调粉底的遮盖力。

准新娘平素关注时尚潮流，所以这次大胆启用小烟熏妆，打造时尚、前卫新娘妆。

SHORT HAIR BRIDE
短发新娘

Case One

1 妆前效果图。

2 将遮瑕膏点在眼袋处,选用小号扁平粉底刷轻轻推开遮瑕膏,遮盖黑眼圈。以丝绒立体打底法做出底妆,参见<基础篇>丝绒立体打底法。

3 打底后,可喷洒一层定型水定妆,再以粉扑轻轻按压面颊,可以使妆容更加持久。

4 画小烟熏眼妆的最简单方法:选用可晕染的蜡质眼线笔画出一条略宽的眼线,睁眼后,会发现眼线在上眼睑沾染出一条淡淡的眼线痕,以此为分界,涂抹眼影。

5 选用眼影棒涂抹眼影粉,可以防止多余的眼影粉掉落在面颊上,同时可以保持眼影色的饱和度。在眼线痕内涂抹眼影,从眼线向上到痕迹线慢慢晕染开。

6 选择眼尾略浓重的假睫毛粘贴在睫毛根部。画下眼线要与上眼线相连接。烟熏眼妆的重点就是在围绕眼线边缘使用最深的颜色,再随着眼形向外晕染开,最后辅以眼尾浓密的假睫毛,就是最经典的小烟熏眼妆。

7 选用具有视觉收缩效果的砖红色腮红，以立体结构式画法打腮红，参见〈基础篇〉立体结构式腮红。

8 在鼻底线的高度向外到腮红下方的位置，涂抹亮色亚光双修粉，可以起到强化腮红、营造立体面庞的效果。

9 选用浅色润亮唇膏涂抹嘴唇。眉毛可用染眉膏刷成浅色。整个妆容的重点在小烟熏眼妆，突出明亮的眼神妆。妆容完成效果图。

10 将假发片编成三股辫，用发卡固定在脑后。

11 将发辫盘在头顶部，再将边缘发丝轻轻拉出空气感，更加蓬松自然。

12 / 13 / 14

/正面完成效果图
/右侧完成效果图
/左侧完成效果图。

15 选用准新娘喜欢的与众不同的时尚大网纱,以U形卡固定在脑后。

16 / 17 / 18

/正面完成效果图
/背面完成效果图
/左侧完成效果图。

Case Two

1. 将头发二八分区，将发量多的一侧吹出低刘海。

2. 将发量少的一侧头发沿着发际线一边向后拧转一边赠加发缕，左齐耳高度一边拧一边加发同时固定直到脑后。

3. 选择透明水晶珠碎发带，像花环一样佩戴在头上，用发卡固定发带。在花环底部加一缕假发片成为发尾，用发卡固定发片。

4. 将发尾假发片分缕，拉起每缕头发卷曲后向上翻转，下夹固定。

5. 将发尾假发片分缕，拉起每缕头发卷曲后向上翻转，用发夹固定。

6 / 7 / 8

/正面完成效果图
/背面完成效果图
/右侧完成效果图。

★ 妆前沟通

平时基本上都是素面朝天，不喜欢影楼中千篇一律的千人一面，想做一个清新自然的新娘，重点是要像自己，想要彰显个人独特气质的整体妆容。

★ 妆面分析

准新娘肤质细腻，属于干性肌肤。

脸型偏圆，适合水润立体式打底方法。

双眼皮比较细窄，属于典型中国式传统双眼皮。为了保持这种特色，不采用夸张的美目贴与假睫毛，但是可以通过在双眼皮内眼睑处使用亮色眼影，加深双眼皮褶皱的立体感。

眼线用贴近睫毛根部画出细细内眼线的方式，既保持原有风格又能增加眼神的清澈度和明亮感。眼线在后眼尾处平直拉长，增加眼睛神采。

眉毛选用平直眉形，配合准新娘的柔美气质。

发量偏少，要注重蓬松发根以增加发量，做出体积感。

GENTLE BRIDE
温婉新娘

Case One

1. 采用水润底妆打法，参见<基础篇>水润底妆打法，营造水当当的青春肌肤。

2. 用腮红刷涂抹腮红，增加脸颊红润，不会令平时不化妆的准新娘面对无血色的打底产生心理上的不适感。

3. 选用中号圆头眼影刷，蘸取少量珠光贝壳色眼影，平涂于上眼睑，将涂抹形状和晕染一次性完成。

4. 用小号圆头眼影刷，蘸取浅棕色眼影粉，贴近睫毛根部，从眼尾画向眼头，形成自然的由深至浅的渐变，增加眼睛的立体感。

5. 用小号眼影刷，蘸取象牙白色眼影粉，涂在内眼角处，勾勒出更加清晰的眼睛轮廓。

6. 使用睫毛夹夹出睫毛的上翘曲度。

7. 用防水液体眼线笔，贴近睫毛根内侧画出眼线，切忌眼尾不要向上挑起，要顺着眼形平直拉出眼尾。

8. 用扁平眼影刷，蘸取深棕色眼影粉，贴近眼线边缘轻轻扫匀，柔和眼线边缘，打造雾蒙蒙的迷离眼神。

9 这种眼妆的画法，可以适用所有的眼妆，突出营造眼神的迷离感。

10 选择自然假睫毛粘贴在后眼尾处。

11 用小头眼影刷轻刷下睫毛，涂抹下睫毛的效果可以将眼睛在视觉上瞬间增大0.6倍。

12 用棕色眉笔画出平直眉形。

13 用平头眉刷轻扫，让眉头、眉上缘到眉尾的过渡更加自然柔和。

14 调整腮红颜色，配合整体妆容的明亮度。

15 将液体口红涂抹在嘴唇上，画出咬唇妆，参见<基础篇>咬唇妆。

16 用棉棒沿嘴唇边缘轻轻向外扫匀，虚化唇边缘线，凸显唇中部亮丽色彩，打造完美咬唇妆的妆效。

17 用护唇固定液涂抹在嘴唇表面，可增加液体唇釉妆效的持久度。

18 用双修粉将脸颊两侧涂上深棕色，打造完美小V脸。

19 将前刘海区三七分出月牙弧形。将脑后区头发左右分成两区，从中缝开始按顺序挑出发缕，用电卷棒做出向外翻卷的竖卷。

20 用前刘海区头发编出三股辫。

21 当三股辫编至脑后中线位置时，加入另一侧发缕。

22 每次加发缕时都是从左侧单侧加入发缕。

23 将左侧的头发以"Z"字形不断加入编至耳下方。

24 将底部发区一边加一边拉松，直至编到发尾，用橡皮筋扎紧。

25　将发尾向上卷，盘起，再用发夹固定造型。

26 / 27 / 28 / 29

/正面发型效果图
/背面发型效果图
/右侧发型效果图
/左侧发型效果图。

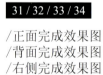

31 / 32 / 33 / 34

/正面完成效果图
/背面完成效果图
/右侧完成效果图
/左侧完成效果图。

30　选用优雅小花，错落有致固定在盘发之间，打造轻盈飘逸的鲜花新娘。

Case Two

1 首先选用尖尾梳分出U字形刘海区。

2 用吹风机将U形刘海区头发的发根吹蓬松，将头发向后翻卷，令发梢吹成自然向后飞起的效果。

3 将脑后区全部头发向上向内旋转，做出单发包，用发卡固定发包。

4 将刘海区的发根部头发进行倒梳，使发根更加蓬松富有体积感。

5 将刘海区头发自然垂落后，用梳子轻梳头发表面，在不破坏内部支撑的前提下将表面梳理光滑。顺着头发走向，做出低垂效果的侧刘海。

6 将刘海区的发梢向后提拉，轻轻盘盖在脑后区的单发包上，让两者合为一体。

7 将刘海的多余发梢藏入单发包内，下发夹固定造型。

8 选择单朵大花或者成组的小花，佩戴在发包下发卡的一侧。

9 选用大眼网纱固定在鲜花的外侧,用发卡固定造型。

10 / 11 / 12 / 13

/正面完成效果图
/背面完成效果图
/右侧完成效果图
/左侧完成效果图。

★ 妆前沟通

属于干性肌肤,所以最羡慕水润滑弹的皮肤,特别希望可以在婚礼上做一个水当当的新娘。有些偷懒,不喜欢打理头发,一头飘逸长发总是"浪费"式随便处理,喜欢时尚杂志上各式各样的美丽编发。

★ 妆面分析

针对干性肤质要营造水润效果,要提前做好补水工作,提前敷补水面膜是不二法宝。

为了配合准新娘安静、内向的性格,端庄、典雅成为造型风格的打造重点。

顺滑的长发特别适合编发,这恰好满足了准新娘自己的造型诉求。

ELEGANT BRIDE
优雅新娘

Case One

1 妆前效果图。

2 将遮瑕膏点在眼圈处,轻轻用手推开,遮盖黑眼圈。

3 将浅色粉底点在需要高光提亮的区域,将深色粉底点在需要视觉收缩的区域。

4 用粉底刷在所需区域将定好点的粉底涂匀,过渡衔接自然。

5 用大号粉刷蘸取少量散粉,由上而下轻扫皮肤定妆。

6 在眼妆前,预先用睫毛夹加翘睫毛。

7 用手指蘸取淡蓝色眼影膏,直接涂抹于上眼睑。

8 用小号圆头眼影刷蘸取珠光闪亮粉涂在上眼睑处,这样颜色饱和,灯光打在脸上时又会出现一闪一闪的波光感。

9 将颗粒感闪粉涂抹在下眼睑中央位置，打造含泪欲滴的效果。

10 用眼线笔画出眼线，注意可向内适当延长内眼角的眼线，以调整过宽的眼距。

11 为了使眼睛在视觉上加长，打造完美的5眼比例，外眼角的上下眼线不要连接闭合，这样可以让眼睛更加舒展延长。

12 选用后眼尾较长的假睫毛，可以通过睫毛再次拉长眼形。

13 选用透明梗的假睫毛作为下睫毛，可以更加自然地增大眼睛。

14 选用浅金色染眉膏，覆盖原有的深色眉毛。

15 选用扁平头棕色眉笔，画出对称的标准眉形。

16 用粉底刷蘸取粉底液，覆盖原本唇色。

17 选用淡粉色唇蜜，点在内轮廓线内。

18 用干净唇刷将唇蜜向外轻涂，做出咬唇妆效果。参见<基础篇>咬唇妆。

19 妆容完成效果图。

20 将头发二八分区。

21 分别从耳后挑起一缕头发，拉向脑后。发量多的那个区多取一些。

22 将发量多的那一侧平均分成两缕，和另一侧一缕编三股辫。

23 不断沿着发髻边缘挑起发缕，做正三股双加辫，直至发尾，用皮筋束在发尾。

24 用食指与大拇指挑出双加辫的上边缘。

25 向上提起整根辫子至头顶区，用发夹固定造型。

26 以交叉下夹法固定发辫造型，尽量将卡身藏在造型内部。

27 将发尾向内翻转，藏于发辫内部。

28 用发卡固定住发尾。

29 选用小号闪钻发饰品佩戴在发辫起点处。

30 / 31 / 32 / 33

/正面完成效果图
/背面完成效果图
/右侧完成效果图
/左侧完成效果图。

1. 用中号电卷棒将额头区头发做平卷。

2. 用中号电卷棒为前发区头发做卷，这样可以使头发更加蓬松富有弹性，增加造型的体积感。

3. 从头顶区挑取三缕发量相近的头发，编反三股辫。

4. 编反三股双加辫到齐耳高度，将发辫开始拉向一侧继续编反三股双加辫。

5. 将整条发辫编至发尾，用皮筋束起固定。

6. 用猪鬃刷轻轻逆向梳头发，在保持发辫造型的前提下，将发辫内部碎刮出，营造出微风拂动发梢的飘逸感。

7. 用手指轻轻拉松左侧发辫，让每股发丝呈花瓣状绽开，再用发胶固定造型。

8. 将同侧发辫的每股发丝都拉成花瓣状，一直到发尾。

9 将发尾盘起呈花朵状，下发卡固定后喷发胶固定造型。

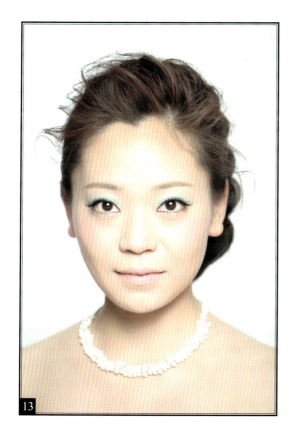

13 / 14 / 15 / 16

/正面完成效果图
/背面完成效果图
/右侧完成效果图
/左侧完成效果图。

婚礼备忘录

Wedding Memo

婚礼筹备注意事项

★ 喜帖

　　喜帖若是采用现成的式样，使用传统印刷技术，一般三四天就可以印好，而自己设计的喜帖则要七天左右。现在，也有数字快印技术制作喜帖，能够立等可取，只是价格比传统印刷技术高。不管采用何种方式，喜帖一定要把结婚人姓名、结婚时间、婚礼地点写清楚。

★ 宴客地点

　　婚礼旺季的黄道吉日，酒席常被预定满额，了解各大饭店的设备及容纳桌数等条件是非常重要的，同时要尽快地预订下来，包括场地、席次及菜单。

★ 婚纱摄影

　　结婚照是一生中难得的美丽纪念，因此必须格外用心选择婚纱摄影及礼服公司。由于目前市场上婚纱及礼服公司诉求各不相同，服务质量与内容不一而足，为了留下永远难忘的美好留念，最好事先多走访几家以了解质量及价格，让自己能够考虑充分后决定。

★ 美容与身材维护

为了让自己在结婚当天成为最美丽的新娘，能在结婚当天容光焕发、娇艳动人，除了平时注意睡眠充足、饮食正常外，也应进行美容、美发、维持身形计划。建议保养疗程两个半月的时间，除了脸部肌肤的保养之外，身体肌肤的保养也必须留心，毕竟礼服有不少露背、低胸的剪裁；此外，身材的维持也十分重要，除了注意饮食均衡、培养固定运动习惯外，还可借助便于食用的辅助食品，例如含有茶花抽取物、水果酵素与藤黄果萃取物等成分的食物保持健美的身材；头发护理方面，建议有烫发计划的新娘，最晚于结婚前一个月烫发，发质会较具弹性，等到结婚时，就是头发卷度最美最自然的时候。

婚礼筹备人员工作内容

▲ **迎娶**　伴郎、伴娘：协助新郎、新娘处理临时情况。

摄影：邀请熟悉拍摄技术的亲朋好友，将整个婚礼过程完整地拍摄下来。

司机：驾驶礼车。

行车路线安排及车辆调度人员：负责安排重要贵宾及双方父母的接送事宜。

▲ **婚宴**　司仪：主持婚礼，控制酒席开始的时间。

总招待：负责调配工作人员及控制现场。

招待：最好由熟识男女双方亲友者担任，引导来宾入座并补充各桌糖果、瓜子与酒水。

会场布置：负责会场气氛设计、布置与音乐安排。

收礼：可以由至亲好友担任，负责来宾签名、礼金收纳、财务处理与礼金。

▲ **备注**　1. 工作人员邀请应于婚礼前7~10天通知对方并确认能否出席。
2. 工作人员在婚礼当天提早到达酒店。
3. 新郎、新娘应准备酬谢工作人员的红包，金额可依交情及工作情况而定。

★ 礼车

新人礼车可向礼车公司租借或在预约酒店时一并预约。亲友礼车则可驾驶自用车辆或租车。一般而言,礼车出租价格相差悬殊,在决定前需多加比较,颜色以黑、深蓝、枣红为多。至于彩车,一般的礼车店都备有,不过要酌加费用。

★ 礼服

为了避免婚礼当天手忙脚乱,要在前一天将礼服整理好,如果担心礼服褶皱,可以在礼服皱褶的地方喷少许水,待干了后自然会平整。

★ Tips

从准备婚礼开始,将婚期订在 3~6 个月以后,让彼此和家人都能有充分的时间准备,能够详密地准备所有细节。订婚和结婚的间距,最好不要超过半年,否则准备的时间太长,也会非常疲惫。

婚礼流程表

★ 六个月前

◎决定婚期
◎决定婚礼形式及预算
◎草拟宴客名单
◎预定酒席
◎选择摄影及礼服公司
◎订购礼服
◎找寻新居住所
◎婚前健康检查

★ 三个月前

◎选购婚戒及首饰
◎试穿礼服以便修改
◎决定捧花、头纱
◎进行美发、美容、全身保养
◎决定新居住所,并挑选家具
◎安排蜜月旅行行程

★ 两个月前

◎ 拍摄结婚照
◎ 设计发型及试妆
◎ 设计喜帖
◎ 确定伴郎、伴娘名单
◎ 办理护照
◎ 开始轻盈身形计划

★ 一个月前

◎ 印制喜帖
◎ 邀请主婚人
◎ 确定蜜月旅行细节
◎ 预定礼车
◎ 试吃酒席

★ 两周前

◎ 寄出喜帖并电话通知
◎ 预定蜜月旅行行程及旅馆
◎ 再次与饭店将各项事宜敲定
◎ 决定婚礼工作人员名单
◎ 预订新娘捧花、伴娘捧花、各式胸花、婚礼现场用花及礼车用礼花

★ 三周前

◎ 决定婚礼细节
◎ 决定摄影、摄像人员
◎ 宴请当天的工作人员
◎ 添购蜜月所需之物品

★ 七天前

◎ 购买婚礼现场布置小物
◎ 订购宴客当天所需之烟、酒、饮料、糖果、瓜子
◎ 到美容院做各种保养

★ 两天前

◎ 与工作人员确认细节
◎ 脸部的再保养
◎ 蜜月旅行所应携带的衣物
◎ 与饭店或教堂敲定各项事务
◎ 证婚人或牧师做最后的确定

★ 一天前

◎ 全身肌肤保养
◎ 与造型师敲定次日时间
◎ 确定结婚礼服及各款饰品搭配
◎ 准备一个功能齐备的化妆箱
◎ 准备次日所需的首饰、配件、丝袜、披肩、鞋子等
◎ 充足的睡眠

西式婚礼之渊源

身穿洁白的婚纱踏上红地毯,在神父面前许下一生的承诺,这样的场景已成为无数新娘的梦想,西式婚礼以其浪漫的格调成为新人首选。但关于西式婚礼各元素的渊源,你又知道多少呢?

★ 洁白婚纱

自罗马时代开始,白色就象征着喜庆。在英国维多利亚女王时代,白色也是富裕、快乐的象征。随着时间的推移,在西方社会,白色还拥有了圣洁和忠贞的含义,这些都形成了白色婚纱的崇高地位。再婚的女性,可以用白色以外的其他颜色,如粉红或湖蓝等以示与初婚区别。

★ 神秘面纱

最初,新娘的面纱象征着青春和纯洁。基督徒的新娘需在教堂举行婚礼,戴白色面纱表示清纯和欢庆,戴蓝色面纱以示如圣母玛丽亚般纯洁。据说,当年美国首位第一夫人玛莎·华盛顿的孙女妮莉·华莱士在结婚时别出心裁地披着白色的围巾,掀起一种风尚,这就是今天新娘戴白色面纱习俗的由来。

★ 白色手套

手套是爱的信物。在中古世纪，白色代表着欢庆。许多绅士送手套给意中人就表示求婚，如果对方在星期日上教堂时戴着那副手套，就表示她已答应他的求婚。

★ 订婚钻戒

一直以来钻石都被作为最理想的婚约信物，象征着坚贞纯洁与永恒的爱情。用钻戒订婚这个传统始于 15 世纪，奥地利大公麦西米伦以钻戒向他的未婚妻玛丽许下海誓山盟，自此这个仪式流传至今，单膝下跪，为新娘戴上钻戒，成为经典的求婚姿态。

★ 无名指上的婚戒

古人认为左手无名指的血管直通心脏。中古世纪的新郎将婚戒轮流戴在新娘的三个手指上，宣读："以象征圣父、圣子和圣灵三位一体。"最后将戒指套在新娘的无名指上。于是，左手的无名指就作为所有传统戴婚戒的手指。

★ 站在左边的新娘

古时候，盎格鲁－撒克逊（人类学上指不列颠祖先的分类，盎格鲁－撒克逊族，是盎格鲁和撒克逊两个民族结合的民族）的新郎常常需要挺身而出，以保护新娘不被别人抢走。在结婚典礼上，新郎让新娘站在自己的左边，寓意着若是有情敌出现，就可以立即拔出佩剑，击退敌人，象征着新郎对婚姻的坚决守护。

★ 多层结婚蛋糕

自罗马时代开始，蛋糕就是节庆仪式中不可或缺的一部分，新娘和新郎要隔着蛋糕接吻。制造面包的小麦象征着生育能力，而面包屑则代表着幸运。多层式蛋糕起源于早期的英国，以象征他们的爱情能跨越重重困难，最终获得坚贞的爱和幸福。到现在，传统的结婚蛋糕均采用多层设计，并以白色为主，代表着纯洁和美好。

音乐是西式婚礼中不可或缺的一部分，没有什么比音乐更能渲染婚礼仪式的气氛了，当新人手牵手步入红毯，当他们深情相拥，直到幸福退场，音乐都点缀着这一切美好画面，让婚礼的氛围更具感染力。婚礼仪式音乐一般分为3种：序曲、入场曲和退场曲。

★ 序曲：缓缓拉开婚礼的序幕

婚礼序曲是在婚礼开场前，嘉宾入场等候时播放。这时适合播放一些古典音乐，为婚礼营造一个高雅的气氛，让来宾放松心情，感受这场婚礼的美好。

暖场音乐可以欢快一些，但不要太过喧闹。一般选择英文歌曲，最好是纯音乐，用舒缓欢快的乐章拉开整场婚礼的序幕。

★ 入场曲：渐缓扬起爱情的主旋律

在纯西式的婚礼中，入场曲通常只有一首，是属于新郎新娘特别的爱的主打曲。但现在的西式婚礼中，入场曲不再只是一首，而是以四个部分划分为不同的音乐：新郎入场、新娘入场、走红毯以及仪式音乐。

新郎入场时的音乐会显得高亢一些，高亢却不失格调，代表着迎娶新娘的激动与决心。而当新娘入场时，则用温柔甜蜜的乐曲作为背景音乐，伴随新娘纯洁娇羞的容颜，诠释着一份待嫁的幸福心情。当新郎新娘携手踏上红地毯那一刻，熟悉而传统的《结婚进行曲》响起，神圣的婚礼终于正式开场，新人踏着适中的节奏神圣、庄严地走向婚姻的殿堂。

之后的仪式上，通常会选择更为深情而轻缓的旋律，淡淡地点缀着甜蜜的誓言，让那一份感动随着音乐轻轻地流淌进每一个见证者的心里，这样轻柔的旋律在新人拥吻的瞬间变得煽情，像一双温柔又有力的手，将整个婚礼的情感推向高潮。

★ 退场曲：欢快描绘幸福的蓝图

仪式结束时，一对新人率先退场，身后是花童戒童。姐妹团成员和伴郎团各成一队，两两一对，在欢快的音乐中，簇拥着带着甜蜜微笑的新人，护送他们退场。

温馨的音符描绘出未来幸福生活的蓝图，而身旁的亲朋好友见证着这所有的一切，也是新人们未来生活最坚实的后盾。

> 在选择仪式音乐时，新人要根据自己的文化情感背景确定一些仪式。比如：蜡烛仪式就曾一直是西式婚礼比较固定的形式，但现在就成为了跨文化通用的一种比较流行的形式。通道上要摆上3根较大的白色蜡烛，其中两根象征着新婚夫妇之间的爱情会终身不渝。在宣誓过后，新人点燃第三根蜡烛，也就是"同心烛"。

TIPS

★婚礼礼仪之入场——走步方式

传统的入场仪式非常庄重，尤其是教堂婚礼，讲究走步方式，即所谓的"先右脚再左脚"的方法。也就是右脚迈出之后，左脚跟着向前迈与右脚合并，停顿两秒钟，然后左脚再继续向前迈出，随即右脚向前迈至左脚处合并、停顿。在走步时，注意步幅应比平常走路的时候小，新娘和新郎的步幅和速度要保持一致，步态讲究轻缓稳重。

走步时，新娘右手挽新郎左胳膊，注意不要拉着新郎的衣服，或紧紧环住新郎的胳膊。另外，新郎胳膊自然弯曲就好，不要用力紧扣住新娘的手腕，而且两人的距离保持在15厘米左右比较合适。

★婚礼礼仪之站姿——腰板挺直，挺胸收腹

笔挺的站姿会使人看起来更精神，正确的姿态是双脚并拢、腰板挺直、挺胸收腹、背部要有向上的伸展感，面带微笑，眼睛正视前方。注意双臂不要紧紧贴近身体，肩膀要放松，这样就可舒缓紧张姿态，同时也避免显得身体十分僵硬。如果想避免因长时间站立而感觉不适，脚尖可以稍微分开一点点。另外，新人在站立时，新郎应站在新娘的右边。

★婚礼礼仪之转身——幅度要轻缓，动作要利索

新娘在婚礼中要体现高贵的气质，应避免任何大动作。需要转身时，身体应该随着脚步同时转动，转身幅度要轻缓，动作既要利索，又要避免给人匆忙不稳重的感觉。如果婚纱或礼服裙摆较大，在转身时可以用与旋转方向相反的手轻轻抓住裙边和裙撑并稍微向上提。

★婚礼礼仪之亲吻——要深情但不能忘情

新人亲吻是在仪式中宣布两人正式结为夫妇之后进行。亲吻时可以自然大方的深情投入以表达幸福的感受，但要避免过分忘情。在正式庄重的婚礼中，过分疯狂的行为会使人感觉新人的形象缺乏庄重。

★婚礼礼仪之笑容——微笑是最好的美容方式

微笑是最好的美容方式,在婚礼上更应该保持微笑,与亲友们分享幸福喜悦的心情。笑容不仅仅表达了你的心情,同时也会使你看上去更漂亮。避免因长时间微笑而引起的表情僵硬,秘诀在于你会不会让眼睛也带有笑意。

在与客人有目光接触时,同时展示笑容,必要时还可以对客人点头致意,有交流的笑容使你的表情更自然。新娘要避免大笑,这样会使唇边粉底的纹路加深,破坏整体妆容。

★婚礼礼仪之交换戒指——千万不要紧张

在西式婚礼中,除了花童,通常还有一个托戒指的小朋友跟在新人身后,一同步入仪式现场。如果没有安排戒童,新郎的戒指应该由伴娘保管,新娘的戒指则由伴郎保管。等到仪式中新人交换信物的时候,伴娘把新郎的戒指交给新娘,然后新娘才为新郎将戒指戴在他的左手无名指上。戴戒指时,新郎应弯曲肘部,把手伸到自然的高度,新娘用左手托新郎的手,右手的拇指、食指和中指握戒指,套在新郎的无名指上。

★婚礼礼仪之抛花球——将婚姻的幸福传送给未婚姐妹们

抛花球的仪式喻意将婚姻的幸福传送给未婚姐妹们,据说接到花球的幸运女子将会很快成为幸福的新娘。新娘在抛花球的时候,应面带笑容,手臂自然弯曲,不要伸开过直,稍微用力将花球向高处靠后的位置抛出即可,动作幅度不要过大。

★婚礼礼仪之抛袜圈——将幸福传递给兄弟们

这是传统的西方婚礼习俗,在婚礼中,新娘通常会穿戴两个袜圈在右膝盖上方的位置。这两个袜圈,一个保留,另一个则是在新娘抛完花球后,由新郎取下,然后背对着未婚男子抛出,这一仪式同抛花球一样,意味着将幸福传递给兄弟们。

西式婚礼分为仪式和宴会两部分。传统的仪式多在教堂举办,相对更为肃穆、庄严,被邀请的也都是至亲好友;晚宴则轻松许多,新人将邀请更多朋友参加。而现在在亚洲,更多的将仪式安排与宴会一起举行,在欢快的气氛中和亲朋好友分享新婚的喜悦。

★ 迎宾流程

1. 新娘身着迎宾婚纱,新郎身着礼服,在酒店门口迎接客人。
2. 客人在迎宾台签到。
3. 新人与来宾拍照留念。

★ 仪式流程

1. 伴郎、伴娘入场

　　伴郎与伴娘在音乐中手挽手并肩走过婚礼通道,伴郎穿深色西装,伴娘穿粉红拖地长裙,捧粉红色玫瑰。

2. 戒童入场

　　两个戒童,手捧两个红色托盘,上面放结婚证书和戒指入场。

3. 新人入场

　　新郎穿西服或礼服,新娘穿着白色婚纱,手捧鲜花,在父亲的陪伴下,走向心爱的人,在教堂许下终身相守的诺言。

4. 前行时,两个花童(一男一女)手持装满花瓣的花篮一路把花瓣撒在新娘将要经过的红地毯上。到了婚礼台前,伴郎与伴娘站一侧,花童和戒童站一侧。新郎为新娘揭开面纱,婚礼仪式正式开始。

　　主婚人致辞、签字祝愿→新人互致结婚誓言→交换戒指→拥吻→切蛋糕→抛捧花、向来宾赠送小礼物→香槟酒仪式,喝交杯酒→父母上台和新人共同举杯,婚宴开始。

5. 仪式完毕,音乐响起后新人退场,宾客鼓掌庆祝并向新人抛撒花瓣;新人在来宾的起立鼓掌中,重新走过婚礼通道,走出婚礼现场。

★ 宴会流程

1. 新人进入餐厅后上第一道菜,侍者们给客人斟香槟,重要来宾致辞。
2. 新人在客人们间穿梭向他们的光临表示感谢并敬酒,提供咖啡及各种餐后饮品。
3. 送宾客离开,再次表达感谢,与来宾合影。

 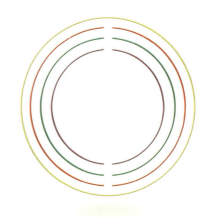

辉派4式，化繁为简
学整体造型，就这么简单

独家研发辉派速技法

———— 辉派4式，成就金牌造型名师 ————

[辉派4式——三分一合式]

1分：运用正确的手法、技法设计外轮廓
2分：运用正确的手法、严谨的比例分配进行有效的分区
3分：运用正确的手法，内外兼顾、协调搭配进行单元素的设计
1合：运用正确的手法、步骤，将所有的设计进行有效的组合与修正完善

Maestro In China
大师中国行

2010年起步于北京
天津、广州、杭州、上海、武汉、济南、长春、贵阳、海口、呼和浩特……
6年的大师中国行
我们只做了一件事
传道授业整体造型
方向不变
唯变的只有
大师前进的脚步
……

广州美赢东方生物科技有限公司　官网：www.zfcchina.com　美丽热线：400 601 0613
深圳市爱美化妆品有限公司　地址：广州市海珠区江南大道中富力天域中心2103

姜月辉老师
倾情推荐
ZFC彩妆名师系列

姜月辉
· ZFC彩妆超级导师
· 辉派学创始人
· 国际巨星御用造型师
· 中国整体造型第一人
· 国家级化妆造型评委

未经许可，不得以任何方式复制或抄袭本书之部分或全部内容。
版权所有，侵权必究。

图书在版编目（CIP）数据

做最美的新娘：时尚婚纱整体造型 / 姜月辉著. --北京：电子工业出版社，2016.7
ISBN 978-7-121-28926-2

Ⅰ. ①做… Ⅱ. ①姜… Ⅲ. ①结婚－女服－基本知识 ②女性－造型设计
Ⅳ. ①TS941.714.9 ②TS974.1

中国版本图书馆CIP数据核字(2016)第117176号

策划编辑：白　兰

责任编辑：张　轶

印　　刷：中国电影出版社印刷厂

装　　订：中国电影出版社印刷厂

出版发行：电子工业出版社
　　　　　北京市海淀区万寿路173信箱　　邮编：100036
开　　本：889×1194　1/16　印张：16　字数：320千字
版　　次：2016年7月第1版
印　　次：2016年7月第1次印刷
定　　价：128.00元

凡所购买电子工业出版社图书有缺损问题，请向购买书店调换。若书店售缺，请与本社发行部联系，联系及邮购电话：（010）88254888，88258888。

质量投诉请发邮件至zlts@phei.com.cn，盗版侵权举报请发邮件至dbqq@phei.com.cn。

本书咨询邮电：bailan@phei.com.cn　咨询电话：（010）68250802